Ulrich Münzer

ISLAND

Ulrich Münzer

ISLAND

Vulkane – Gletscher – Geysire

Schutzumschlag: Ausschnitt einer Satellitenszene vom Mýrdals- und Eyjafjallajökull

Meinem Lehrer, Herrn Prof. Dr. Klaus Schmidt (†), Leiter des Instituts für Allgemeine und Angewandte Geologie der Ludwig-Maximilians-Universität München von 1973–1983, in Erinnerung an eine geologische Island-Exkursion.

Meinem Kollegen, Herrn Dr. Mieczyslaw Sinkiewicz, Institut für Geographie an der Nicholas Copernicus Universität, Toruń, Polen, der während eines gemeinsamen Forschungsprojektes auf Island im Sommer 1995 schwer erkrankte und kurz darauf verstarb.

1996 Ulrich Münzer
Brannenburg

Gestaltung: Ulrich Münzer, Brannenburg
Photolithographie: Brend´amour, Simhart GmbH & Co., München
Druck: Kastner & Callwey Druck GmbH, Forstinning bei München
Einband: Conzella, Aschheim bei München
ISBN: 3-9802868-1-9
Printed in the Federal Republic of Germany

Inhalt

Anlaß für die überarbeitete und umgestaltete dritte Auflage meines Island-Buches waren die sich schnell ändernden technischen Bedingungen und Fortschritte auf dem Gebiet der Fernerkundung in den Jahren seit 1985. Auch kritische Bemerkungen und Anregungen aus dem Kreis der Leser führten zu einer Überprüfung und Ergänzung der Texte.

Allen, die mir bei der Erstellung dieses Bandes behilflich waren, möchte ich an dieser Stelle danken.

Dies gilt vor allem für Herrn Peter Mayr, München, der mir auch bei dieser Auflage in hervorragender Zusammenarbeit mit seinem großen fachlichen Können zur Seite stand und die Gesamtleitung und Überwachung der Herstellung vornahm. Der Fa. Kastner & Callwey Druck GmbH, Forstinning bei München, gebührt erneut Dank für den Druck, der trotz knapp bemessener Zeit alle Ansprüche an die Qualität erfüllt.

Den Herren Horst Haub und Wilhelm Sißl, Brend´amour, Simhart GmbH & Co., München, sei gedankt für die schwierige Herstellung der Lithos aus überwiegend kleinbildformatigem Diamaterial. Erst die mühevolle Feinabstimmung vermittelt einen Eindruck von den Farben der isländischen Landschaft.

An dieser Stelle sei auch Herrn Michael Schmidt, Leica Camera GmbH, Solms, mein Dank für den hervorragenden Kundenservice und die gute Beratung bei der Auswahl der Kamerasysteme ausgesprochen, die für schwierige Flugeinsätze benötigt wurden.

Die Bildaufbereitung der mir freundlicherweise von Dr. Richard Williams, U.S. Geological Survey, Department of the Interior, Washington, D.C. seinerzeit zur Verfügung gestellten Satellitendaten des Landsat-MSS aus dem Jahre 1973 erfolgte durch Herrn Adolf Küblbeck, Deutsche Forschungsanstalt für Luft- und Raumfahrt (DLR), Oberpfaffenhofen. Ihm verdanke ich die Abspielungen, die auch in diesen Band wieder aufgenommen wurden. Die Satellitenbildverarbeitungen neuer Landsat-TM- und SPOT-Szenen wurden in Zusammenarbeit mit meinen Kollegen, den Herren Dr. Jochen Henkel und Lothar Hauck, Arbeitsgruppe Fernerkundung am Institut für Allgemeine und Angewandte Geologie der Ludwig-Maximilians-Universität München, erstellt. Ihnen sei herzlich gedankt.

Herrn Prof. Dr. Helmut Rott, Institut für Meteorologie und Geophysik der Universität Innsbruck, Österreich, bin ich zu Dank verpflichtet für seine Beratung in fernerkundlichen und glaziologischen Fragen.

Auch nach Island geht mein Dank:

So an Herrn Prof. Dr. Gylfi Þ. Gíslason, Reykjavík, für die Ausarbeitung des Vorwortes, das sich ausführlich mit der Geschichte, der Kultur und der Wirtschaft Islands befaßt und auf den neuesten Stand gebracht wurde;
an den Geophysiker Herrn Prof. Dr. Páll Einarsson, Raunvísidastofnun, Universität von Island, Reykjavík, für seinen wissenschaftlichen Rat und den fachlichen Gedankenaustausch, der weit über den Rahmen dieser Arbeit hinausging;
an den Geologen Herrn Dr. Grétar Ivarsson, Hitaveita Reykjavíkur, Reykjavík und Herrn Þorvarður Ingi Þorbjörnsson, Kópavogur, für die mühevolle Aufstellung der statistischen Daten über Island.
Herrn Ágúst Guðmundsson, Direktor von Landmælingar Íslands, Reykjavík, mit dem mich seit vielen Jahren eine freundschaftliche Zusammenarbeit auf dem Gebiet der Fernerkundung verbindet, gilt mein besonderer Dank für seine Unterstützung, stete Hilfsbereitschaft und Beratung, wie auch für die Freigabe von Luftaufnahmen und Karten für diesen Band. Des weiteren danke ich den Herren Hans H. Hansen, Jean Pierre Biard, Jóhann Þór Sigurbergsson, Magnús Guðmundsson, Örn Sigurðsson, Svavar Berg Pálsson und Þorvaldur Bragason bei Landmælingar Íslands.
Ferner geht mein herzlicher Dank an die beiden Piloten, Herrn Elíeser Jónsson und seinen Sohn Jón Elíesersson, Reykjavík, die mich auf vielen Flügen mitnahmen und mir die Gelegenheit gaben, die charakteristischen Eigenschaften ihres Landes photographisch festzuhalten. Unvergessen sind die Zielanfliegungen in extremer Schräglage, die notwendig waren, um bestimmte Aufnahmeperspektiven zu erreichen.
Gedankt sei auch der Firma Íslandsflug, Reykjavík, die mir in den letzten Jahren mit guten Piloten viele Bildflüge ermöglichte, die zum Gelingen dieses Bandes beitrugen.
Herrn Páll Pampichler Pálsson, Komponist und langjähriger Dirigent des Isländischen Symphonieorchesters, Reykjavík, und Herrn Sigurður Ingvi Snorrason, Klarinettist im Isländischen Symphonieorchester, Reykjavík, habe ich für ihren unermüdlichen Einsatz und ihre langjährige Freundschaft zu danken.

Ulrich Münzer
Brannenburg
September 1996

2

3

4 ▶

5 ▶▶

7

8

◄ 6

10

11 ▶

◀ 9

12

13 ▶

1 Mit einer Höhe von ungefähr 900 Metern erheben sich die tertiären Flutbasalte am Hamarsfjörður in der Nähe der Ortschaft Djúpivogur aus dem Meer. Sie sind einer steten Erosion ausgesetzt. Typisch für die karge Landschaft sind die einsam gelegenen Farmen mit ihren bunten Wellblechdächern. Auffallend ist das intensive Grün der kleinen eingezäunten Weideflächen – es ist hervorgerufen durch eine starke Düngung.

2 Die Schräg-Luftaufnahme, aufgenommen am 26.8.1989 aus einer Flughöhe von 300 Metern über dem Gelände, zeigt die noch unberührte Landschaft von Veiðivötn. Im Hintergrund ziehen die ca. 900 Meter hohen Bergketten des Snjóöldufjallgarður von Südwest nach Nordost; sie sind dem tektonischen Muster der neovulkanischen Zone in dieser Region voll angepaßt. Typisch sind, wie im Bild sichtbar, die unzähligen, weitverzweigten Sanderflüsse.

3 Tiefe Erosionsrinnen mit ausgiebigen Schneeresten durchkämmen diesen mit Moos bewachsenen Palagonitrücken im Seen-Gebiet von Veiðivötn, nordöstlich von Landmannalaugar. Die Luftaufnahme entstand am 26.8.1989 aus ca. 200 Metern Flughöhe.

4 Mit Blick nach Westen zeigt diese Luftaufnahme vom 25.8.1989 den vegetationslosen Mælifellssandur am Nordrand des Mýrdalsjökull. Die sich langsam zurückziehende Gletscherzunge gab im Laufe der Jahrhunderte den sich ca. 200 Meter aus dem Sander erhebenden Mælifell frei. Der dominierende Kegel besteht überwiegend aus Palagonit, Palagonitbrekzien und Lockermaterial. Im Vordergrund sind die stark verwitterten Schlackenkegel der Háalda zu erkennen. Sie gehören zu einem SW-NE ziehenden Spaltensystem der neovulkanischen Zone. Rund 40 Kilometer entfernt erscheinen im Hintergrund die vergletscherten Spitzen des 1463 Meter hohen Tindfjallajökull.

5 Im Süden überragen die im Stirnbereich der Gletscherzunge Skeiðarárjökull aufgeschobenen Endmoränenwälle bis zu einer Höhe von ca. 15 Metern die größte Sanderfläche Islands, den Skeiðarársandur. Vereinzelt haben sich zwischen den Moränen langgestreckte Wasserflächen gebildet; immer wieder entspringen reißende Gletscherflüsse aus der mit Schutt und Asche beladenen Gletscherzunge und verteilen sich über das gesamte periglaziale Gelände. Im Hintergrund links ist der Hvannadalshnúkur am Öræfajökull zu sehen, mit 2119 Metern die höchste Erhebung Islands.

6 Entlang dem Süd- und Westufer des Sees Mývatn liegen inmitten landwirtschaftlich genutzter Flächen zahlreiche, regelmäßig ausgebildete Pseudokrater. Die bis zu 20 Meter hohen Formen entstanden sekundär in explosiver Tätigkeit durch den Kontakt des wasserhaltigen Untergrundes mit einem Lavastrom. Die Aufnahme wurde von dem 252 Meter über dem Gelände liegenden Berg Vindbelgjarfjall am Nordwestufer des Sees gemacht.

7 Die vulkanische Aktivität in den Jahren 1975–84 im Bereich der Leirhnjúkur-Spalte bewirkte u. a., daß sich das Solfatarenfeld in der nur wenige Kilometer südlich gelegenen Hochtemperatur-Region Námafjall stark veränderte. Kochende, bläulich-graue Schlammpfuhle, Heißdampfaustritte und Schwefelgeruch kennzeichnen die Gegend von Hverarönd, die hier abgebildet ist. Der Boden ist hydrothermal stark zersetzt; charakteristisch sind die Neubildungen von Gips, Schwefel und Tonmineralen. Letzte Versuche, den Schwefel abzubauen, endeten vor dem Zweiten Weltkrieg.

8 Nur wenige Kilometer nördlich des geothermalen Kraftwerks an der Krafla liegt der Explosionskrater Víti, dessen Innenwände intensiv hydrothermal zersetzt und verfärbt wurden. Das anstehende Oberflächenwasser im Krater ist nicht erwärmt. Zwischen der Víti und dem subglazial gebildeten Tafelvulkan Gæsafjöll, links im Bildhintergrund, ziehen deutlich ausgeprägte Spaltenschwärme mit Verwerfungsbeträgen im Meterbereich von Süd nach Nord. Sie passen sich exakt dem tektonischen Geschehen der neovulkanischen Zone Nordislands an. Die Aufnahme entstand vor den vulkanischen Ereignissen der Jahre 1975–84.

9 Rund 2 Kilometer entfernt vom See Frostastaðavatn bei Landmannalaugar liegt der 1,5 Kilometer lange Explosions- oder Sprengkrater Ljótipollur. Er gehört zu der über 50 Kilometer SW-NE ziehenden Veiðivötn-Spalte zwischen dem Torfajökull und dem Vatnajökull. Der Ljótipollur entstand im Kontaktbereich dieser Spalte mit dem Flußsystem der Tungnaá durch phreatische Explosionen. Oxidiertes Lockermaterial und Aschen mit Zwischenlagen aus dünnen Lavadecken und Wurfschlacken kennzeichnen seinen Aufbau. Im Hintergrund liegen die Veiðivötn-Seenplatte und die Gletscherzunge Tungnaárjökull, eines Ausläufers des Vatnajökull.

10 Mit einer Länge von mehr als 30 Kilometern zieht die Eruptionsspalte Eldgjá zwischen dem Mýrdals- und dem Vatnajökull von Südwest nach Nordost. Sie gehört zum östlichen Bereich der neovulkanischen Zone und hat ein Alter von ca. 1000 Jahren. Die stärkste Spaltenbildung mit bis zu 600 Metern Breite und ca. 140 Metern Tiefe ist auf dieser Luftaufnahme deutlich zu sehen. Sie wurde am 25.8.1989 mit Blick nach Südwesten aus einer Flughöhe von 1500 Metern aufgenommen. Die Wände der Spalte bestehen aus Basalt und eruptiv verschweißten Schlacken. Mächtige Ergüsse von Alkalibasalt flossen seinerzeit in Richtung Südküste zum Meðallandssandur und nach Landbrotshólar.

11 Charakteristisch für den Küstenverlauf Südislands sind die weit ausgedehnten Sanderflächen wie hier am Torhügelfelsen Dyrhólæy, nahe der Ortschaft Vík. Dyrhólæy ist ein pleistozäner Inselvulkan aus Pillow-Laven und Hyaloklastit, der im Laufe der Zeit durch Ablagerungen mit dem Land verbunden wurde. Er ragt 110 Meter über die Sanderfläche hinaus und ist mit seinem Leuchtturm ein wichtiger Navigationspunkt für die Seefahrt.

12 Mit einer Gesamtfläche von ca. 11 200 Quadratkilometern bedecken die ausgedehnten isländischen Plateaugletscher rund 11% der Landoberfläche. Am nordöstlichen Rand des Langjökull, d. h. am Jökulkrókur, sind, wie die Aufnahme zeigt, vom Gletschereis freigegebene Flutbasalte zu sehen. Im periglazialen Vorfeld liegt, eingebettet in saftig grüne Moosflächen, unsortiert abgelagertes Moränenmaterial. Es stammt von einer Gletscherzunge – Bildseite links –, deren rechter Seitenmoränenwall deutlich zu erkennen ist. Größere, herausgewitterte Blöcke aus Basalt liegen verstreut im Gletschervorfeld.

13 Eingeengt von tief ausgeschürften Schluchten und Erosionsrinnen liegt am oberen Flußlauf der Krossá das Naturschutzgebiet Þórsmörk. Genährt von den bis in die Täler herunterreichenden Gletscherzungen des Tungnakvíslajökull verwandelt sich die Krossá oft in einen vielarmigen reißenden Strom, der sich mit der Markarfljót vereint. Die überwiegend aus Palagonit bestehenden Gesteine sind stark erodiert. Auf nicht exponierten, windgeschützten Flächen ist eine dichte Vegetationsdecke aus Moos, Gras und Krüppelbirken zu beobachten.

14 Mit einer Fläche von rund 8300 Quadratkilometern ist der Vatnajökull Europas größte zusammenhängende Eisfläche. Während im Norden und Westen seine Gletscherzungen flach ins Inland auslaufen, ziehen im Süden viele bis in die Niederungen hinab. Hier enden sie entweder in einer Geländehöhe von 50 bis 200 Metern oder kalben in Gletscherseen, wie hier im Jökulsárlón, der etwa 150 Meter tief ist und vor der großen Gletscherzunge Breiðamerkurjökull liegt. Riesige, bis zu 15 Meter hohe Eisblöcke schwimmen, beladen mit schwarzer Asche, Schutt und Einschlüssen früherer Vulkanausbrüche, auf dem Wasser. Vereinzelt driftet das Eis bis zum Abfluß der Jökulsá á Breiðamerkursandi und gelangt anschließend bis zur wenige hundert Meter entfernten Atlantikküste.

15 Gewaltige Gletscherflüsse transportieren vom Vatnajökull Gesteinsmaterial an die Südküste. Sie ließen den etwa 1000 Quadratkilometer großen Skeiðarársandur entstehen. Unzählige Flußarme, schlängelnd und sich unaufhörlich verändernd, fließen durch die flachgeneigte Sanderfläche dem Meer entgegen. Enorm ist die Sedimentfracht. So kommen im Luftbild vom 28.8.1989 deutlich die Schwebstoffahnen in grau-weißer Färbung bei der Einmündung in den Atlantik zum Ausdruck. Ablagerung und Abtrag dokumentiert dieses Bild, das aus 350 Metern Flughöhe aufgenommen wurde. Die hellen Flecken im rechten Bildteil sind als feinste, abgelagerte, trockene Gletschertrübe eines ehemaligen Flußlaufs zu interpretieren.

16 Die große Schürfkraft der Gletscher hat im Nordwesten, Norden und Osten Islands tief eingeschnittene Trogtäler in den tertiären Flutbasalten entstehen lassen. Am Fuß steil abfallender Basalthänge bildeten sich, wie hier im Hrísdalur, durch Erosion gewaltige Ablagerungen von Hangschutt und Schuttfächer. Die Luftaufnahme entstand am 17.8.1986 aus einer Flughöhe von ca. 800 Metern im Nordwesten des Landes unweit der kleinen Ortschaft Bíldudalur. Nur an wenigen Stellen lagert fein zerbrochener, heller Muschelsplitt im Brandungsbereich des kleinen Fjordes.

Vorwort

Island ist ein ungewöhnliches Land. Eine der größten Inseln der Welt, beinahe halb so groß wie Großbritannien und fast um die Hälfte größer als Irland, liegt es am Nordende des Atlantiks, gerade noch unterhalb des Polarkreises. Eis und kahle Berge bedecken vier Fünftel des Landes. Nur die Küstenstriche sind bewohnbar. Die Insel ist weit weg: Neunhundert Kilometer von Schottland, zweitausendsiebenhundert von Neufundland. Während auf etwa den gleichen Breitengraden Grönland nur eine spärliche Bevölkerung aufweist und die Nordwest-Territorien Kanadas praktisch unbewohnt sind, ist Island Heimat für ein europäisches Volk mit skandinavischen Wurzeln – seit über elf Jahrhunderten.
Das Klima ist viel milder, als die geographische Lage vermuten läßt. Die Durchschnittstemperatur im Januar, dem kältesten Monat, liegt nur ein halbes Grad Celsius unter dem Gefrierpunkt. Dies ist einem Ausläufer des Golfstroms zu danken, der die Küstengebiete erwärmt. Es herrschen daher weder im Sommer noch im Winter extreme Temperaturen.
Vom geologischen Standpunkt gesehen ist Island das jüngste Land Europas, ja eines der jüngsten Länder unserer Erdkugel. Immer noch ändert Island sein Gesicht – vor einigen Jahren tauchte vor der Südküste eine neue Insel aus dem Meer auf, kaum zehn Jahre vergehen ohne Ausbruch eines der 200 Vulkane Islands.
Zwei Faktoren bilden die Grundlage menschlicher Existenz auf Island – das milde Klima und die geologische Jugend. Warme Ausläufer des mächtigen Golfstroms und die kalten Wassermassen des Polarmeeres treffen aufeinander und bieten ideale Bedingungen für Meeresbewohner. Die Folge sind reiche Fischgründe auf dem isländischen Schelf. Die warme Strömung ermöglicht auch Ackerbau und Landwirtschaft an der Küste und in einigen entfernteren Landstrichen. Selbst die Gletscher und Berge im Landesinneren tragen zur Produktivität der Insel bei – die Wasser der riesigen Gletscherflüsse verwandeln ihre Kraft in Elektrizität. Die Vulkantätigkeit, eine Folge des geringen Alters von Island, läßt heiße Quellen sprudeln, über achthundert an der Zahl. Gewaltige Reserven von unterirdischem, kochendem Wasser warten auf ihre Nutzung.

Die Isländer sind ungewöhnliche Leute. Ihre Geschichte gleicht keiner irgendeiner nordischen Nation. Es ist das einzige Volk in Europa, das seinen Ursprung kennt und aufgezeichnet hat. Island wurde ja viel später als alle umliegenden Länder besiedelt. Wie kommt das?
Versetzen wir uns in das neunte Jahrhundert zurück, an die Westküste von Norwegen. Wir erhalten Kunde von der Entdeckung eines großen, unbewohnten Landes mit saftigen Schafweiden, mit Fischen, Seehunden und Vögeln im Überfluß. Manch kleiner Pächter hegt ungeduldige Erwartungen. Interessiert horchen die Stammesführer auf – einer der norwegischen Regionalkönige ist bemüht, seine Souveränität über das ganze Land auszudehnen, aber viele Großgrundbesitzer wollen sich ihm nicht unterwerfen. Während die Bauern der Armut entkommen wollen, streben die Stammesführer nach Freiheit von königlicher Herrschaft und Besteuerung. Tausende strömen in das neue Land – nicht nur aus Norwegen, sogar aus Schottland und Irland. Weit über tausend Kilometer offener See erstrecken sich von Norwegens Küste bis Island.
Man hat ein Schiff für solche Reisen entdeckt. Es ist knapp 17 Meter lang, fast 5 Meter breit und mißt vom Kiel bis zur Bordkante gut 2 Meter. Das Ladevermögen entspricht dem eines Schiffes mit 11 bis 15 Tonnen. Diese Seereisen waren der Anfang der Geschichte der Isländer. Im Jahre 930 errichteten sie einen einzigartigen und unabhängigen Staat. Seine politische Grundlage war eine gesetzgebende Versammlung der ganzen Nation. Die ausführende Gewalt war unter den örtlichen Stammesoberhäuptern aufgeteilt. Erzbischof Adam von Bremen schreibt 1075 in seiner Geschichte der Bischöfe von Hamburg über die Isländer: »Apud illos non est rex, nisi tantum lex.« Sie kennen keinen König, nur das Gesetz. Dieses Gemeinwesen blühte auf und brachte eine florierende Kultur hervor. In der Landessprache entstanden Bücher, die einen hervorragenden Platz in der Weltliteratur einnehmen – die Edda, die Sagas der Isländer, Gesetzbücher und historische Werke. Dieser Nationalstaat behauptete sich drei Jahrhunderte lang. Die Bevölkerung betrug etwa ein Drittel der Einwohner Norwegens. Ein solches Zahlenverhältnis finden wir heute etwa zwischen Großbritannien und den Vereinigten Staaten. Aber gegen Ende des dreizehnten Jahrhunderts erlangte die norwegische Krone die Herrschaft über das Land. Später wurden sowohl Norwegen als auch Island zu Besitzungen des Königs von Dänemark. Island blieb für sechshundert Jahre unter fremder Herrschaft.

Gegen Ende des letzten Jahrhunderts war Island eine der ärmsten Nationen Europas. Seit den Tagen des ersten politischen Zusammenschlusses hatte sich die Bevölkerungszahl kaum verändert. Die Menschen bebauten das Land und trieben Fischfang, wie es ihre Ahnen seit tausend Jahren getan hatten. Sie besaßen nur offene Boote und ein paar kleine Segelschiffe. Es gab keine Häfen, keine Straßen, keine Fabriken und kaum ein Steinhaus. Das Island von heute ist ein anderes Land. Es gleicht dem Island von vor neunzig Jahren so wenig, daß die Veränderung beispiellos ist. Buchstäblich alles, was man in Island heute zu sehen bekommt, stammt aus dem jetzigen Jahrhundert. Die Isländer, einst bitter arm, leben heute in einer industriellen Wohlfahrtsgesellschaft; ihr Lebensstandard übersteigt den der meisten reichen Nationen Westeuropas.

Kurz nach der Jahrhundertwende hatten drei Ereignisse entscheidenden Einfluß auf die Entwicklung des Landes.
Erstens wurde die ausführende Gewalt von Kopenhagen nach Reykjavík in die Hände eines isländischen Ministers gelegt. Letzterer war dem Althing, also der Nationalversammlung verantwortlich. Damit war eine parlamentarische Regierung geschaffen und seit dieser Zeit ist Island praktisch unabhängig.
Zum zweiten erreichte etwa zur selben Zeit die industrielle Revolution Island – nachdem sie hundertfünfzig Jahre zuvor die Wirtschaft Europas und Nordamerikas verändert hatte. Auslöser hierfür war der Kauf von Trawlern, später von Motorschiffen, wodurch die Bedingungen für die Nutzung der reichen Fischgründe geschaffen wurden.
Als drittes kam die Gründung einer Notenbank hinzu, die isländisches Geld mit Golddeckung herausgab und damit dem Lande ein eigenes Währungssystem bescherte. So konnte unter anderem der Finanzbedarf der rasch wachsenden Fischerei- und Fischverarbeitungsindustrie gedeckt werden.
Diese drei Ereignisse bildeten die Grundlage des Wirtschaftswachstums. Und damit änderte sich der Lebensstil. Innerhalb weniger Jahrzehnte schaffte ein verarmtes, koloniales Gemeinwesen den Sprung vom Mittelalter in das zwanzigste Jahrhundert und reihte sich unter die Industrienationen ein. Eine Erklärung hierfür mag die Tatsache sein, daß die Isländer, trotz Armut und jahrhundertelanger Kolonialherrschaft ihrer alten Kultur treu geblieben sind. Mit Lesen und Schreiben an den langen Winterabenden haben sie sich ihre Sprache und nationale Eigenständigkeit bewahrt. Gegen Ende des vorigen

Jahrhunderts waren sie ein kulturell hochentwickeltes Volk geworden. Und das weniger im Sinne literarischer Belesenheit, sondern eines nationalen Kulturbewußtseins, das von allen getragen wurde, nicht nur von einer Elite. Das ermöglichte dem armen Bauern, die Sense aus der Hand zu legen und als Fischer auf einem Trawler zu arbeiten. Es ermöglichte dem armen Fischer, sein offenes Boot zurückzulassen und in die Fabrik zu gehen. Die Geschichte dieser Nation zu Beginn dieses Jahrhunderts ist der lebende Beweis für die Macht der Erziehung und den Wert der eigenen Kultur – nicht als Selbstzweck, sondern als Schlüssel zum Wohlstand.

Das rapide Wirtschaftswachstum auf Island im gegenwärtigen Jahrhundert beruht auf der Ausbeutung der reichen Fischgründe. Ein Fischer erzielt mit einem Netzboot und 12 Mann Besatzung im Durchschnitt einen Fang von jährlich 300 Tonnen Fisch. Die Fischerei lebt von rund 10 Fischarten, die bedeutendsten sind die Lodde und der Kabeljau; während 1907 der gesamte Fang etwa 50 Tonnen ausmachte, betrug in den Jahren 1979 bis 1981 die Ausbeute eineinhalb Millionen Tonnen. In den letzten Jahren sank die Zahl der Fischer wegen der wissenschaftlicheren Fangmethoden und effizienteren Schiffe. Gleichzeitig hat sich eine moderne Fischverarbeitungsindustrie entwickelt, die sich auf tiefgefrorene Produkte spezialisiert. 25 bis 30 % des Nationaleinkommens von Island stammen aus der Fischerei. Etwa drei Viertel aller Exporte sind Fischereierzeugnisse. Island besitzt eine Fischfangflotte mit rund 122 000 Bruttoregistertonnen, bestehend aus etwa 107 Sterntrawlern, 785 Fischereifahrzeugen bis zu 100 Bruttoregistertonnen und 1081 Kleinbooten. Es gibt 143 Frostereien, 258 Betriebe für die Verarbeitung zu Salz- und Stockfisch und 32 Fischmehl- und Fischölfabriken. Tiefgefrorener Seefisch ist der wichtigste Exportartikel Islands. Die Hauptabnehmer sind die USA, Großbritannien und Deutschland.

In den letzten Jahrzehnten hat der Anteil der Industrieproduktion an der isländischen Wirtschaft stark zugenommen. Es wurden Industrieunternehmen zur Nutzung elektrischer oder geothermaler Energie gegründet und Produktionsbetriebe für Aluminium, Dünger, Diatomitverarbeitung und Eisenlegierungen errichtet. Industrieerzeugnisse machen heute zwanzig Prozent der Ausfuhr aus.

Es ist nicht zu erwarten, daß in den nächsten Jahren die Zuwachsraten der Fischerei mit denen der Vergangenheit Schritt halten werden. Die Aufmerksamkeit hat sich daher den natürlichen Res-

sourcen zugewandt, die bis heute nur wenig genutzt worden sind. Schätzungsweise könnten bei dem Stand der Technik jetzt etwa 65000 GWh/Jahr durch Wasserenergie in Elektrizität umgewandelt werden, davon rund 28000 GWh/Jahr zu wirtschaftlich günstigen Energiepreisen. Das geothermische Potential Islands wird auf 20000 GWh/Jahr geschätzt, das direkt für die Erzeugung elektrischen Stroms, die Beheizung von Gebäuden und die Versorgung der Industrie mit Dampf zur Verfügung steht. Zur Zeit liegt die elektrische Produktionskapazität bei ca. 5000 GWh/Jahr. Hier schlummert noch eine Quelle des Reichtums. Island hat einen Pro-Kopf-Verbrauch von 18,5 MWh/Jahr und liegt damit an zweiter Stelle im Weltverbrauch – und dennoch wird nur ein geringer Teil der verfügbaren Wasserenergie und der geothermaler Vorkommen genutzt.
Die Landwirtschaft versorgt den heimischen Markt mit Fleisch, Milchprodukten, Kartoffeln und zu einem großen Teil mit Gemüse. Andererseits müssen Weizen und alle übrigen Getreidearten eingeführt werden. Die isländische Wolle ist ein wertvoller Grundstoff. Der Export von Tuch, Wolle und Häuten ist in den letzten Jahren beträchtlich gestiegen. Auch die Bauindustrie weist einen gestiegenen Anteil auf, ähnlich wie der Handel und die Dienstleistungen, die in einer modernen Industriegesellschaft üblich sind.
Der beachtliche Fortschritt, den die Isländer im gegenwärtigen Jahrhundert gemacht haben und die gewaltigen Veränderungen in ihrem Lebensstil gehen in erster Linie auf die Anwendung hochentwickelter Fischfangmethoden zurück. In jüngster Zeit kam es jedoch auf diesem Gebiet zu ernsten und beunruhigenden Entwicklungen. 1973 gelangte eine internationale Expertenkommission zu dem Schluß, daß die Bestände an Kabeljau im Nordatlantik überfischt werden, daß aber eine Verringerung der Fangmengen um die Hälfte auf lange Sicht dennoch die gleichen Erträge bringen würde. Neuere wissenschaftliche Untersuchungen gelangen zu dem Ergebnis, daß derzeit alle Fischbestände entweder voll ausgebeutet oder aber überfischt werden. Die Fischereizone um Island wurde in mehreren Stufen immer weiter ausgedehnt: von drei Seemeilen 1903 auf vier 1952, zwölf 1958, fünfzig 1972 und schließlich zweihundert 1975. Trotzdem waren die isländischen Behörden gezwungen, verschiedene Beschränkungen der Fischerei zu verfügen, um die Fischbestände zu schonen. Dies gilt besonders für den Kabeljau.
Die Fischerei wird ohne Zweifel auch in den kommenden Jahren die Grundlage der isländischen Wirtschaft bilden, aber einige auf Elektrizi-

tät angewiesene Industrien werden sicher an Bedeutung zunehmen. Die geographische Lage Islands am nördlichen Ende des Atlantiks, etwa in der Mitte zwischen Europa und Amerika, und der im Volk verwurzelte Drang zu Freiheit und Demokratie sind Ursache, daß Island Gründungsmitglied der NATO ist. Island hat darüber hinaus mit den Vereinigten Staaten ein Verteidigungsbündnis geschlossen, da es über keine eigenen Streitkräfte verfügt. Von Anfang an war Island Mitglied der Weltbank und des Internationalen Währungs-Fonds.
Enge wirtschaftliche Bindungen zu Ländern beiderseits des Atlantiks haben zur Beteiligung an der OECD in Paris geführt, zur EFTA-Mitgliedschaft und zu besonderen Handelsvereinbarungen mit der EU. Herkunft, kulturelle Bindungen und gemeinsame Gesellschaftsstrukturen legten die Mitgliedschaft im Nordischen Rat und enge Zusammenarbeit mit den anderen skandinavischen Ländern nahe.

Kulturelle Belange lagen dem Isländer schon immer am Herzen. Die kleine Gemeinschaft bildet nicht nur eine moderne technische Gesellschaft, sie stellt auch eine einmalige Kulturgruppe dar.
Bezeichnend für diese Tatsache ist die fast unglaublich hohe Buchproduktion im Lande. Während der vergangenen Jahre wurden zusätzlich zu der großen Anzahl importierter ausländischer Titel Jahr für Jahr 400–450 Neuausgaben veröffentlicht. Die mittlere Auflage isländischer Bücher beträgt sechzehn- bis siebzehnhundert Stück. Aber es gibt beträchtliche Unterschiede: Der Gedichtband eines jungen Schriftstellers kann in einer Auflage von 500 erscheinen, während ein Buch des Schriftstellers Halldór Laxness mit 8000 Bänden herauskommt.
Auch die Zeitungsproduktion hat einen erstaunlichen Umfang. Die Bevölkerung Reykjavíks liegt bei ca. 104300 und mit dem Einzugsgebiet bei etwa 158000. Die Gesamtbevölkerung umfaßt rund 268000. In Reykjavík werden täglich fünf Tageszeitungen herausgegeben, vier Morgenblätter und eine Abendzeitung. Sie werden im ganzen Land verkauft, obwohl auch eine Anzahl kleinerer Blätter über Island verstreut erscheint. Die größte Tageszeitung Morgunblaðið erscheint sechsmal in der Woche, ausgenommen montags, das Dagblaðið täglich bis auf den Sonntag.

Literarische Tradition in Island ist alt und tief verwurzelt. Die alte Literatur der Nation ist wichtiger Bestandteil der modernen Kultur. Im siebzehnten Jahrhundert schrieb ein armer lutherischer Pastor, Hall-

grímur Pétursson, unter anderen Werken fünfzig Hymnen zur Passion Christi: Passíusálmarnir. Literaturkenner rechnen sie zu den bedeutendsten Dichtungen der Welt. Sie wurden in viele Sprachen übersetzt und auf Island über sechzig Mal neu aufgelegt. Ein Klagegesang, verfaßt von Hallgrímur, wird bis heute bei jeder Beerdigung auf Island angestimmt.
Romane und moderne Poesie haben in Island eine relativ kurze Tradition; seit Mitte des achtzehnten Jahrhunderts gibt es Übersetzungen ausländischer Romane. Hundert Jahre vergingen, ehe der erste isländische Roman geschrieben wurde. Seit dieser Zeit sind viele ausgezeichnete Romanciers ins Blickfeld gerückt, einige davon weltberühmt. Die Werke von Halldór Laxness und Gunnar Gunnarsson sind zum Beispiel in Auflagen von zusammen über 20000 Bänden erschienen und stehen heute in nahezu jedem Haus in Island.

Vor Ende des letzten Jahrhunderts existierte kaum so etwas wie eine isländische Malerei. Von alters her haben jedoch die Frauen Weben und Sticken gepflegt und viele Kunstwerke in Form von Wandteppichen und Überzügen geschaffen. Die Männer haben Holz und Bein geschnitzt und Silberschmiedearbeiten verfertigt. Die Malkunst entwickelte sich mit der Rückkehr junger Künstler aus dem Ausland zu Beginn dieses Jahrhunderts.
Das gleiche gilt für die Musik und das Drama. Isländische Musik und Dramen gehören überwiegend in unser Jahrhundert. Obwohl es noch eine alte Form der Musik gibt, die sich nur in Island erhalten hat, nämlich den eigenartigen »Zweigesang« (tvísöngslög oder zweiteiliger Gesang) und den »Reimgesang« (rímnalög oder Ballade), dauerte es bis Ende des neunzehnten Jahrhunderts, daß man moderne Musik hörte. Heute gibt ein vollständiges Symphonieorchester, getragen vom Staat, der Stadt Reykjavík und dem Isländischen Rundfunk, regelmäßig Konzerte. Ein kleineres Symphonieorchester, ein Kammerorchester und viele Instrumentalgruppen spielen mit privater Unterstützung in Reykjavík. Im Jahr 1978 wurde das erste ständige Opernhaus in der Hauptstadt eröffnet.
Auch das moderne Drama ist in der zweiten Hälfte des neunzehnten Jahrhunderts angesiedelt. Ein Theater, das immer noch unter dem Namen »Stadttheater« besteht, wurde 1897 in Reykjavík eröffnet. Das Nationaltheater wurde 1950 gegründet. Akureyri, die größte Stadt im Norden, besitzt ein Theater mit Berufsschauspielern; etwa 75 Laienspielgruppen sind über das Land verstreut.

Isländer haben auf dem Gebiet der Wissenschaften in diesem Jahrhundert Zeichen gesetzt, vor allem in Studien über Island und der Erforschung isländischer Naturphänomene. Im wesentlichen entspricht das Schulsystem dem der übrigen nordischen Staaten. Es besteht Schulpflicht vom siebten bis zum sechzehnten Lebensjahr; in städtischen Gebieten besuchen außerdem fast alle Kinder ab sechs Jahren die Vorschule. Beinahe 50 % der Jugendlichen erreichen das Abitur, das ihnen den Zugang zur Universität ermöglicht. Über 5800 Studenten, verteilt auf 9 Fakultäten, sind derzeit an der Universität von Island in Reyjkavík immatrikuliert. An der zweiten Universität, in Akureyri, sind zur Zeit rund 400 Studenten in 5 Fakultäten eingeschrieben.

Als Halldór Laxness 1955 in Stockholm der Nobelpreis für Literatur verliehen wurde, lud sein Verleger Journalisten zu einem Empfang ein. Laxness, der radikale politische Meinungen zu vertreten pflegte, schätzte die angenehmen Seiten des Lebens und besaß damals einen teuren amerikanischen Straßenkreuzer. Ein schwedischer Journalist stellte dem Autor die verfängliche Frage, ob es nicht sehr kostspielig sei, einen Luxuswagen auf den schlechten Straßen auf Island zu fahren. Laxness dachte einen Augenblick nach und antwortete: »Es ist ganz allgemein sehr kostspielig, Isländer zu sein.«
Das ist wahr, aber jedermann ist bereit, diesen Preis zu bezahlen, wie die Verhältnisse beweisen. Die Lebenserwartung ist höher als in den meisten anderen Ländern. Die Frauen erreichen im Durchschnitt ein Alter von 80,8 Jahren, die Männer von 75,1 Jahren und die Kindersterblichkeit gehört zu den niedrigsten in der Welt.
Die Schwierigkeit besteht nicht darin, daß das Leben sehr teuer ist. Das Problem liegt darin, wie ein tausendjähriges kulturelles Erbe in einer modernen Industriegesellschaft bewahrt werden kann.
Der Isländer von heute, um ein Beispiel zu nennen, spricht immer noch die alte germanische Sprache, die in Skandinavien üblich war, und darüber hinaus – vor über tausend Jahren. Wörter griechischen und lateinischen Ursprungs, wie Radio, Television, Telefon, Elektrizität usw. können daher nicht assimiliert werden. Es müssen neue isländische Namen gefunden werden. Im allgemeinen wird ein Wort auf die Art geprägt, wie im Englischen broadcasting oder im Deutschen Rundfunk für Radio, obwohl manchmal ein nicht mehr benutztes Wort der alten Sprache einen Bedeutungswandel erfährt. Mit der Einführung des Telefons zu Beginn unseres Jahrhunderts wurde das Wort

»sími«, ein alter Ausdruck für Draht, Faden wiederbelebt und erhielt eine neue Bedeutung.

Es muß an dieser Stelle erwähnt werden, daß Island die einzige Nation ist, welche die uralten, germanischen Regeln der Verslehre bewahrt hat, viele und komplexe Regeln. Der weitaus größere Teil der Versdichtung entsteht noch immer nach diesen alten Regeln, sogar populäre Gesangslyrik. Als Antwort auf neue Lebensformen hat sich eine neue poetische Tradition herausgeschält. Es besteht eine gewisse Gefahr, daß die jungen Menschen etwas verlieren könnten, was in Island als das »poetische Ohr« bezeichnet wird, ein Gefühl für die prosodischen Regeln. Was Island und die Isländer heute so heraushebt, ist die Tatsache, daß eine winzige, isolierte Nation im hohen Norden den Versuch unternimmt, eine tausend Jahre alte Kultur zu erhalten und zur gleichen Zeit ein unabhängiger, souveräner Staat mit einer modernen Industriegesellschaft zu bleiben. Es besteht kein Zweifel, daß die Isländer ihre Unabhängigkeit bewahren können. Sie werden es auch schaffen, ihren Lebensstandard zu verbessern. Aber werden sie auch in der Lage sein, ihre alte Kultur in der Zeit der Massenmedien lebendig zu erhalten? Treue zum alten Erbe ist heute nicht mehr der Schlüssel zu Unabhängigkeit und wirtschaftlichem Fortschritt, wie es das einst war. Seine Erhaltung wird in der Zeit, die vor uns liegt, um so schwieriger.

Gylfi Þ. Gíslason
Reykjavík, 1996

17 Mit rund 104300 Einwohnern ist Reykjavík die am weitesten nördlich gelegene Hauptstadt der Welt. Bedingt durch den starken Zuzug aus den ländlichen Regionen hat sich der Großraum Reykjavík in den letzten Jahren explosionsartig vergrößert: In diesem Ballungszentrum lebten rund Dreiviertel der isländischen Bevölkerung. In der Mitte der Luftaufnahme vom 19.8.1986 ist die nach dem Dichter Hallgrímur Pétursson (1614 – 1674) benannte Hallgrímskirche mit ihrem großen Kirchenschiff für ca. 1300 Gläubige und dem 75 Meter hohen Turm zu sehen. Im Vordergrund stehen die für den alten Teil von Reykjavík typischen kleinen, mit buntem Wellblech verkleideten Häuser, die z. T. aus den 30er Jahren stammen.

18 Im Schutz der mächtigen Mole liegen die Fischfangboote im Hafen von Reykjavík. Derzeit verfügt Island über eine Fischereiflotte von 892 Schiffen mit insgesamt 122000 BRT. Die Fischfangerträge sind rückläufig. Selbst die im Jahre 1975 zur Sicherung der Fischereibestände und damit der Existenzgrundlage des Landes erfolgte Festlegung der 200 Seemeilen-Zone konnte diesen Trend nicht aufhalten.

19 Noch vor wenigen Jahren waren immer wieder an der Küste, bei den Fischerstädten und -Ortschaften, derartige Stapel von Holzfässern zu finden, die für den Heringsexport benötigt wurden. Mittlerweile haben sich jedoch die Zeiten geändert, denn die Fischfangquoten sind wegen Überfischung drastisch zurückgegangen.

20 Wenige Kilometer von der Küste entfernt, liegt eingebettet im Sand und Geröll des Mýrdalssandur die einstige Insel Hjörleifshöfði mit einer Erhebung von 221 Metern. Sie wurde nach Hjörleifur, der hier im Jahre 874 an Land ging, benannt. Er und sein Ziehbruder Ingólfur Arnarson gehörten zu den ersten Wikingern auf Island. Im Hintergrund ist die Gletscherzunge Höfðabrekkujökull zu erkennen, aus der im Jahre 1918 die gewaltigen Wassermassen des Katla-Ausbruchs unter dem Eis hervorschossen und den Sander überfluteten.

21 Am Ende des längsten Fjordes in Island – dem Eyjaförður – liegt die Stadt Akureyri, die etwa 15000 Einwohner zählt.

22 In den tief eingeschnittenen Fjorden an den Küsten Ost- und Nordwest-Islands leben – wie hier in dieser kleinen Ortschaft – nur wenige Einwohner, die dem Fischfang nachgehen. Die rückläufigen Fischfangquoten, die steigenden Löhne und vor allem die hohen Anschaffungskosten für moderne Fischfanggeräte führen dazu, daß immer mehr junge Leute in die Städte abwandern.

23 Immer seltener werden Kleinbauernhöfe dieser Art, da die Abwanderung aus den ländlichen Bereichen in die Hauptstadt Reykjavík unverändert anhält. Selbst staatliche Subventionen können die Entwicklung nur schwer aufhalten. Dieser Bauernhof liegt im Süden des Landes, auf dem Weg zur Eruptionsspalte Eldgjá.

24 Die Stadt Eskifjörður am Fjord Reyðarfjörður im Osten des Landes wird von mächtigen Basaltdecken eingefaßt. Sie lebt ausschließlich von Fischfang und Fischverarbeitung.

25 Bereits ein Jahr nach der Katastrophe des Vulkanausbruchs auf der Insel Heimæy waren die meisten Häuser der Stadt Vestmannæyjar aus der meterhohen Asche freigeschaufelt worden. Nach und nach kehrten die 5500 Einwohner vom Festland auf die Insel zurück und konnten wieder ihrem Erwerb im Fischfang und der Verarbeitung von Fischen nachgehen. Die Aufnahme entstand auf dem Gipfel des ca. 5000 Jahre alten Vulkans Helgafell am Rande der Stadt.

26 Im Jahre 1974 wurde mit dem Bau dieser Brücke das letzte Teilstück der Ringstraße 1 geschlossen. Sie führt im Skeiðarársandur über die reißenden, sich ständig verlagernden Gletscherflüsse. Auf der Luftaufnahme vom 14.8.1986 ist einer der Brückenabschnitte abgebildet. Im Hintergrund erscheinen die unteren Partien des Talgletschers Skaftafellsjökull, nach dem der in der Nähe liegende Nationalpark »Skaftafell« benannt wurde.

27 Eine Durchquerung des Mýrdalssandur, Islands zweitgrößter Sanderfläche, gehört zu den unvergeßlichen Eindrücken einer Islandreise. Die Gletscherflüsse führen enorme Wassermengen und lagern ständig fein zerteiltes, basaltisches Gesteinsmaterial ab.

28 Verursacht durch Bergstürze ziehen sich gewaltige Schuttmassen – hier in Blöndudalur – hufeisenförmig von den höchsten Basaltdecken bis ins Tal hinab. Derartige Bergstürze kommen immer wieder in den von Gletschern tief eingeschnittenen Tälern im Norden vor. Typisch sind auch die einsam gelegenen Bauernhöfe.

1572
1587

910
1611

19

20 ▶

21

22

23

24

25 ▶

28

Auf dem Weg zu neuen Erkenntnissen

Fernerkundung

Mit dem Start der ersten unbemannten Satelliten, des Sputnik (ehemals UdSSR) im Herbst 1957 und des Explorer (USA) Anfang 1958, brach für die Geowissenschaften eine neue Epoche an. Die Fernerkundung wurde erschlossen – bis dahin praktisch ein Randgebiet, das sich nun an Hand von Luft- und Satellitenaufnahmen mit der Beobachtung und Erforschung der Erdoberfläche wie auch mit der Identifizierung von Objekten aus großen Entfernungen befassen konnte, ohne direkten Kontakt zu nehmen.

Der Weg begann mit der Erfindung der Photographie in den Jahren 1822–1839. Er ging von den ersten Luftaufnahmen aus einem Fesselballon knapp 20 Jahre später bis zu dem sich seit Beginn dieses Jahrhunderts rasch entwickelnden Flugzeug- und Motorenbau, so daß bald eine gezielte Luftbild-Kartierung möglich war. Der nächste Schritt wurde auf dem Gebiet der Raketentechnik getan. Mit Hilfe von US-Höhenforschungsraketen entstand 1954 erstmals ein Mosaikbild von der Erdoberfläche. Bereits ab 1961 konnten von den amerikanischen Raumkapseln Mercury, Gemini und Apollo aus dem Weltall Aufnahmen gemacht werden. Im gleichen Jahr unternahm der russische Kosmonaut Gagarin die erste Erdumfliegung in der Raumkapsel Wostok-1; zehn Jahre später wurde eine bemannte Raumstation, Salyut, errichtet. Ab 1971 wurden an Bord der russischen Raumschiffe Soyuz 12 und 13 für zivile Zwecke Experimente mit den photographischen Kamerasystemen KATE 140 und KFA 200 durchgeführt.

Die vor kurzem verfügte Freigabe von Bildern der amerikanischen und russischen Aufklärungssatelliten lassen die hohe Bedeutung der photographischen Aufnahmesysteme der 60er Jahre erkennen. Allein zwischen 1959 und 1972 wurden ca. 150 US-Aufklärungssatelliten im Rahmen der Missionen Corona, Argon und Lanyard in

Umlauf gebracht, so daß nun etwa 900 000 Szenen mit einer Bodenauflösung von bis zu 1 Meter zur Verfügung stehen.
Der Stand der Satellitentechnik und der Aufnahme-, Bildverarbeitungs- und Auswerteverfahren wurden ständig verbessert. So konzipierte die amerikanische Weltraumbehörde NASA den ersten speziell für die Erdbeobachtung bestimmten, unbemannten Satelliten, den Landsat 1, der 1972 startete. Ihm folgten Landsat 2 und 3 in den Jahren 1975 und 1978. Die zweite, weiter entwickelte Satelliten-Generation, d. h. Landsat 4 und 5, kam mit hochsensiblen Aufnahmegeräten 1982 bzw. 1984 in Umlauf. Sie alle versorgen heute Wissenschaft und Forschung wie auch interessierte Nutzerkreise laufend mit Bildmaterial in einem bislang unbekannten Ausmaß. Die hohen Erwartungen an Landsat 6 wurden allerdings enttäuscht: nach dem Start 1993 fiel der Kontakt zu dem Satelliten aus.

Kurz einige technische Daten zum besseren Verständnis dieses für die Erderkundung so wichtigen amerikanischen Programms: Die Umlaufbahn der Landsat-Satelliten ist beinahe polar, kreisförmig und sonnensynchron. Die Systeme der Serie 1–3 umkreisen die Erde einmal in rund 103 Minuten in einer Höhe von 915 Kilometern. Dies ergibt pro Tag 14 Umläufe. Ihre Flugbahn-Parameter sind so angelegt, daß der gleiche Abschnitt der Erdoberfläche nach 18 Tagen wieder überflogen wird. Landsat 4 und 5 haben eine Flughöhe von 705 Kilometern und einen Erdumlauf von 99 Minuten. Sie überfliegen den gleichen Beobachtungspunkt alle 16 Tage. Die während der Zyklen aufgenommenen Daten werden entweder direkt übertragen oder an Bord der Satelliten gespeichert, um später von den Bodenstationen abgerufen zu werden. Die Datenauslieferung erfolgt entweder auf Bändern (CCT = Computer Compatible Tape, Exabyte) oder auf optischen Datenträgern (CD-ROM = Compact Disc Read Only Memory) etc. So befinden sich heute insgesamt 29 Stationen breit gestreut in Australien (2), Brasilien, Bundesrepublik Deutschland (Neustrelitz), Ecuador, Frankreich, Großbritannien, Indien, Indonesien, Israel, Japan (2 im eigenen Land, 1 in der Antarktis), Kanada (2), Saudi-Arabien, Singapur, Südafrika, Taiwan, Thailand und in den USA (3).
Die Europäische Weltraumagentur ESA unterhält Stationen in Fucino bei Rom, Kiruna in Schweden, Tromsö in Norwegen und Maspalomas auf den Kanarischen Inseln. Speziell für die Aufnahme von ERS-Radardaten wurden in der Antarktis O'Higgins und vor kurzem auch in N'Koltang, Gabun, Empfangsanlagen eingerichtet.

An Bord der Landsat-Satelliten befinden sich technisch hoch entwickelte Aufnahmesysteme, wie z. B. der Multispektral-Scanner (MSS), ein optisch-mechanisches Abtastgerät. Sein gleichmäßig rotierender Spiegel tastet die Erdoberfläche kontinuierlich in jeweils 185 Kilometer breiten Streifen quer zur Flugachse ab. Das vom Erdboden reflektierte Licht wird aufgefangen und auf Detektoren gelenkt. Sie registrieren die Intensität der von der Erdoberfläche reflektierten Strahlung in insgesamt 4 Spektralbereichen des sichtbaren Lichts und des nahen Infrarot (0,5–1,1 µm) und setzen sie in elektrische Signale um. Die Informationen der Spektral- bzw. Wellenlängenbereiche werden getrennt in den einzelnen Kanälen erfaßt, aber gleichzeitig aufgezeichnet. Die auf diese Weise je nach Spektralbereich gewonnenen unterschiedlichen Reflexionswerte erleichtern später das Erkennen und die Differenzierung einzelner Objekte auf der Erdoberfläche. Ungefähr 3240 Bildelemente, auch Pixel genannt, werden von dem multispektralen Scanner-System auf einer Bildzeile festgehalten; rund 30 Millionen Bildelemente ergeben dann eine Satellitenszene in den Geländemaßen von 185 x 185 Kilometern. Bei den Sensoren der Landsat-Serie 1–3 beträgt das Auflösungsvermögen pro Bildelement 56 x 79 Meter.
Die modernen Methoden der Bildverarbeitung und computertechnische Verfahren erleichtern die Interpretation und Auswertung von Satellitenbildern. So können Falschfarbenbilder hergestellt werden, die zusätzlich wertvolle Informationen geben (siehe Abb. 30–33, 43, 90). Hier werden den Kanälen bestimmte Farben zugeordnet: Der grüne Spektralbereich des Kanals 4 wird mit Blau, der rote des Kanals 5 mit Grün, und einer der beiden Spektralauszüge des nahen Infrarot – meist Kanal 7 – mit Rot kodiert. Eine exakte Überlagerung der Bilder ergibt dann ein Farbcomposit, das die tatsächlichen Farben der Spektralauszüge nicht mehr aufzeigt. Die dem Laien ungewöhnlich erscheinende Rottönung gibt Aufschluß über Art und Zustand der Vegetation, deren Reflexionsmaximum im Bereich des nahen Infrarot liegt.

Mit Landsat 4 und 5, der zweiten Satelliten-Generation, wurde auch der Thematic Mapper (TM), ein thematischer Kartierer, in Umlauf gebracht. Er erzielt bei gleicher Breite des Aufnahmestreifens eine Bodenauflösung von 30 x 30 Meter; eine Ausnahme bildet der Thermalinfrarot-Kanal 6 mit 120 x 120 Metern. Der Thematic Mapper nimmt das Gelände gleichzeitig in 7 engbandigen Spektralkanälen auf. Sein Kanal 1 im blauen Bereich des Spektrums (0,45–0,52 µm) eignet sich z. B. für die Untersuchung von Küstenbereichen und registriert Unterschiede im Spektralverhalten der Bodenvegetation, insbesondere von Nadel- und Laubbäumen; Kanal 2 im grünen Bereich (0,53–0,61 µm) spricht auf die Vitalität der Vegetation an, während Kanal 3 im roten Bereich (0,62–0,69 µm) geeignet ist für die Auffindung metallhaltiger Gesteine und die Differenzierung von einzelnen Pflanzenarten. Daten über hydrologische Gegebenheiten und Pflanzenstress, die als Hinweis auf geologische Phänomene dienen können, liefert Kanal 4 im nahen Infrarot (0,78–0,90 µm). Kanal 5 (1,57–1,78 µm) ermöglicht im Kurzwellen-Infrarot (SWIR) eine Unterscheidung von Wolken und Schneeflächen wie auch eine Beurteilung des Feuchtegehalts von Vegetation und Böden, so daß er besonders für die geologische Kartierung geeignet ist. Der Kanal 6 (10,42–11,66 µm) zeichnet im thermalen Infrarot die von der Erdoberfläche emittierte Strahlung auf. Sein Anwendungsbereich liegt bei der Thermalkartierung, der Feststellung von Wärmeanomalien und Stressituationen der Vegetation. Mit Kanal 7 (2,20–2,35 µm) im Kurzwellen-Infrarot (SWIR) schließlich können u. a. Tone und Glimmer oder Kaolinit in Böden klassifiziert werden (siehe Abb. 34–39, 41, 42, 44, 45).

Seit dem 22. Februar 1986 verfügt auch Europa über einen eigenen Satelliten, der in nahezu polarer Umlaufbahn in einer Höhe von ca. 820 Kilometern die Erde umrundet: SPOT-1 (Satellite pour l'Observation de la Terre), von Frankreich zusammen mit Belgien und Schweden entwickelt, startete auf der europäischen Trägerrakete Ariane von Kourou, Französisch-Guayana, in das All. Am 22. Februar 1990 folgte SPOT-2 und am 26. September 1993 SPOT-3. Der seit 1995 fertiggestellte SPOT-4 soll 1997 in Betrieb genommen werden. An Bord befinden sich zwei hochauflösende Abtastgeräte von Typ HVR (Haute Résolution Visible). Es handelt sich um einen multispektralen Scanner, der in den Teilspektren 0,50–0,59 µm (grün), 0,61–0,68 µm (rot) und 0,79–0,89 µm (infrarot) gleichzeitig aufzeichnet – bei einer Bodenpixelgröße von 20x20 Metern –, sowie um ein Gerät, das im panchromatischen Wellenlängenbereich von 0,51–0,73 µm – bei einer Bodenpixelgröße von 10x10 Metern – arbeitet. Die SPOT-Sensoren können auch Stereo-Daten liefern, da die Möglichkeit gegeben ist, ein bestimmtes Gebiet von zwei benachbarten Satellitenbahnen zu erfassen. Die Anwendung liegt vor allem in den Bereichen der Bodennutzung, der Land- und Forstwirt-

schaft, der Lagerstättenkunde und der Kartographie. Es handelt sich hier um das erste System, das von Beginn an auf rein kommerzieller Basis arbeitet. So ist SPOT Image, Toulouse, für die Verteilung und den Absatz des Daten- und Bildmaterials verantwortlich (siehe Abb. 29).
Im Gegensatz zu den Satelliten können bemannte Weltraumfähren mehrfach eingesetzt werden. Sie befördern wissenschaftliche und kommerzielle Nutzlasten und bringen sie wieder auf die Erde zurück. Sie setzen Nachrichten- und andere Satelliten aus, fangen beschädigte Raumkörper zur Reparatur ein, wie z. B. am 4. Dezember 1993 das Hubble-Weltraumteleskop. Die erste amerikanische Raumfähre Columbia startete im April 1981; ihr folgten Challenger (Absturz 1986), Discovery, Atlantis und Endeavour.
In Anlehnung an dieses amerikanische Raumfahrtprogramm wurde das deutsche Weltraumlabor Spacelab entwickelt und in den Jahren 1983, 1985 und 1993 in das All transportiert. Es ist modular aufgebaut, wiederverwendbar, bemannt und eignet sich für wissenschaftliche Versuche in einer Umgebung reduzierter Schwerkraft, insbesondere auf den Gebieten der Werkstofforschung, der physikalischen und chemischen Verfahrenstechnik sowie der Medizin. Während der ersten Missionen wurde auch eine deutsche Meßkamera, die Metric Camera (MC), für topographische Kartierungen eingesetzt – ähnlich wie die amerikanische Large Format Camera (LFC) 1984.

Ein Aufnahmegerät besonderer Art ist der deutsche modulare optoelektronische Multispektral-Scanner MOMS, der zunächst als MOMS-01 1983 und 1984 auf der Raumfähre Challenger erprobt wurde. Er hat zwei Spektralkanäle und eine räumliche Auflösung von 20 Metern. Seine Weiterentwicklung MOMS-02 wurde im Rahmen der 10-tägigen deutschen Spacelab D-2 Mission am 26. April 1993 eingesetzt. Diese Kamera hat 5 Objektive, von denen 3 für digitale panchromatische Stereoaufnahmen und die beiden anderen Objektive für multispektrale Datenaufzeichnungen bestimmt sind, die simultan aufgenommen werden können. Die Erdoberfläche wird in 5 Spektralbereichen erfaßt. Zudem sind zwei Auflösungsmöglichkeiten gegeben – einmal mit einer Bodenpixelgröße von 4,5 x 4,5 Metern, zum anderen mit einer Bodenpixelgröße von 13,5 x 13,5 Metern.
Die Kombination von Stereo- und Multispektralaufnahmetechnik dieser digitalen Kamera ist besonders für photogrammetrische Anwendungen geeignet.

Im Rahmen der europäisch-russischen Zusammenarbeit in der Fernerkundung wurde MOMS-02 am 5. Mai 1996 für längere Zeit auf die russische Forschungsplattform PRIRODA-1 gebracht, die vorher bereits an die Raumstation MIR angedockt war. Diese Station ist seit 1986 in Betrieb und wird von Transportern des Typs Progress und den Soyuz-TM Zubringer-Satelliten versorgt. Erstmals wird MOMS die Möglichkeit haben, auch weite Teile von Europa aufzunehmen, da die Flugbahn von MIR bis zum 52. Breitengrad reicht.

In zunehmendem Maße gewinnen Radar-Meßanlagen an Bedeutung für die Fernerkundung. Sie arbeiten im Mikrowellenbereich und erfassen die Strahlung, die von der Erdoberfläche reflektiert wird. Ein großer Vorteil dieser abbildenden Mikrowellensensoren ist ihre Allwettertauglichkeit. Sie können Tag und Nacht und bei jedem Wetter arbeiten. Hinzu kommt, daß es infolge der Eindringtiefe der Radarwellen möglich ist, die Bodenfeuchte eines Gebietes zu ermitteln oder auch Strukturen unterhalb der Erdoberfläche zu erkennen. Das Gelände kann flächendeckend aufgenommen werden; die heute relativ dichte Wiederholungsrate der Überfliegungen macht eine fortlaufende Beobachtung und Überwachung von Umweltveränderungen möglich. Weitere Anwendungsgebiete sind die topographische Kartierung sowie die Interpretation tektonischer und morphologischer Gegebenheiten.

Zu den wichtigen Systemen gehören die Seitensicht-Radaranlagen (SLAR – Side Looking Airborne Radar) und vor allem Instrumente mit synthetischer Apertur (SAR – Synthetic Aperture Radar). Beide sind aktiv, d. h. sie beleuchten mit eigener Energiequelle das Gelände. Sie wurden zunächst in Flugzeugen installiert, bis 1978 erstmals ein SAR auf einem Meeresbeobachtungssatelliten der amerikanischen SEASAT-Reihe (L-Band) zum Einsatz kam. Es folgten die verbesserten Systeme SIR-A und SIR-B in den Jahren 1981 und 1984. Zusammen mit SIR-C (L-Band und C-Band) arbeitete im Frühjahr und Sommer 1994 auch ein deutsch-italienisches Radarsystem, X-SAR (X-Band) an Bord von Raumfähren. Für 1996 ist die Entsendung von SIR-D geplant. All diese Missionen dienen der Erprobung der Möglichkeiten, die durch die unterschiedlichen Frequenzen, Polarisationen und Einfallswinkel gegeben sind sowie ihrer Folgen für die Forschung auf den Gebieten der Geologie, Hydrologie, Vegetationskunde, Ozeanographie und Glaziologie.

In den letzten Jahren haben Europa, Japan, Kanada und Rußland eigene Radarsatelliten in einen nahezu polaren Umlauf gebracht. So starteten die europäischen Erderkundungssatelliten ERS-1 am 17. Juli 1991 und ERS-2 am 21. April 1995 (C-Band; 5,6 cm Wellenlänge). Von besonderer Bedeutung ist, daß beide über mehr als 6 Monate (1995/96) in einer Tandem-Mission fliegen, d. h. sie haben nahezu die gleichen Umlaufbahnen in einer Höhe von ca. 780 Kilometern, bewegen sich aber in einem Zeitabstand von 24 Stunden. Die gemeinsam erfaßten hochauflösenden SAR-Daten des jeweils abgedeckten Gebiets werden mit den neuesten Methoden der Interferometrie verarbeitet, um Veränderungen im Zentimeterbereich an der Erdoberfläche erkennen zu können, die durch Hebungen und Senkungen, Eisbewegungen oder vulkanische Aktivität ausgelöst werden. Ferner mißt ein Radar-Altimeter die Höhe der Wellen, bzw. des Meeresspiegels sowie des Eises auf den Polkappen und dem Meer. Ein passiver Infrarot-Radiometer, ATSR, ist für Temperaturmessungen an der Meeres- und Erdoberfläche vorgesehen. Schließlich versucht ERS-2, den Gehalt von Ozon und anderen Spurengasen in der Atmosphäre mit dem GOME – Spektrometer, einem globalen Ozon-Meßgerät, zu ermitteln.

Japan ist mit dem abbildenden Radar JERS-1/SAR vertreten, der am 11. Februar 1992 in Umlauf gebracht wurde (L-Band; 23,5 cm Wellenlänge). Vor allem seine verstärkte Eindringtiefe von einigen Zentimetern eignet sich für geologische und hydrologische Anwendungen. Gleichzeitig tastet ein optischer Sensor JERS-1/OPS die Erdoberfläche mit 3 Spektralkanälen im sichtbaren und nahen Infrarot-Bereich (VNIR) sowie mit 4 im kurzwelligen Infrarot-Bereich (SWIR) aus einer Höhe von 568 Kilometern ab. Auch dieser Multispektralscanner liefert digitale Stereodaten, da ein 75 Kilometer breiter Streifen gleichzeitig senkrecht nach unten und in Flugrichtung erfaßt werden kann.

Am 4. November 1995 startete der kanadische Erderkundungssatellit RADARSAT (C-Band; 5,6 cm Wellenlänge). Ein besonderes Kennzeichen dieses Systems ist der steuerbare, von der Antenne ausgesandte Strahl, bzw. die variable Beleuchtungsrichtung. Sie haben zur Folge, daß eine große Auswahl von Einfallswinkeln (zwischen 20° und 50°), von Aufnahmestreifen (Breiten von 100 bis zu 500 Kilometern) und von Auflösungsmöglichkeiten Forschung und Wirtschaft zur Verfügung steht. Mit dem RADARSAT können auch die Polarregionen erstmals während bestimmter Perioden vollständig erfaßt werden.

Zu erwähnen ist schließlich das russische Radarsystem ALMAZ-1 von 1991. Dieser bis Oktober 1992 operierende Satellit war speziell für Aufgaben der Ozeanographie, Geologie sowie der Land- und Forstwirtschaft bestimmt. Ein Nachfolgesystem, ALMAZ-1B soll Ende des Jahres 1996 in Umlauf gebracht werden (X-, S- und P-Band; 3 Jahre Lebensdauer).
Da sich die Laufzeiten dieser SAR-Systeme in den meisten Fällen decken, können die z. T. recht unterschiedlichen Daten miteinander verglichen und kombiniert werden – ein wichtiger Schritt zur Erhöhung des Informationswertes.

Unbestritten ist die Fernerkundung in den letzten 3 Jahrzehnten ein fester Bestandteil der Raumforschung und der Erdbeobachtung geworden. Die Entwicklung auf dem Gebiet der Satelliten- und Bildtechnologien schreitet immer rascher fort. Vor allem gilt es heute, mit neuen Methoden der kaum noch zu bewältigenden Datenflut Herr zu werden, die uns täglich erreicht.

29 Die Aufnahme von Bord des französischen Erderkundungssatelliten SPOT zeigt die Halbinsel Reykjanes im Südwesten Islands. Sie wurde von einem hochauflösenden Abtastgerät, dem HVR (Haute Résolution Visible), am 4.5.1986 aus einer Höhe von ca. 820 Kilometern erstellt. Aus der Überlagerung der Daten der 3 multispektralen Kanäle im Wellenlängenbereich von 0,5–0,9 µm entstand diese optimale Farbmischung. Hinzu kommt die bisher höchste Bodenauflösungsmöglichkeit eines derartigen Systems von 20 x 20 Metern. Gut ist die Hauptstadt Reykjavík mit den sich kreuzenden Landebahnen des Stadtflughafens, dem dicht bebauten Zentrum am Hafen oben rechts in blauer Farbe und dem blauschwarzen Stadtsee Tjörnin zu erkennen. Der Nato-Stützpunkt Keflavík mit seinen 3 großen Startbahnen ist ebenso wie das 1987 fertiggestellte Terminal für die Abfertigung der zivilen Fluggäste, Leifur Eiríksson, im oberen linken Teil der Halbinsel Reykjanes zu sehen. Die Straßen erscheinen deutlich als dünne Linien, können aber nicht von der Warmwasserleitung von Svartsengi nach Njarðvík und Keflavík unterschieden werden. Mit Hilfe dieser sehr farbenreichen Darstellung können infolge des unterschiedlichen Reflexionsverhaltens der Vegetation Rückschlüsse auf die Art und Intensität des Bewuchses gezogen werden. Zum Teil fallen die Abgrenzungen einzelner postglazialer Lavaströme mit den Vegetationsgrenzen zusammen. Vegetationslose Lavaflächen auf Kap Reykjanes erscheinen in einem kräftigen Blauton; das gilt auch für die unbewachsenen, von Südwest nach Nordost streichenden Kraterketten Sveifluháls, Núpshlíðarháls und Langihryggur. Gelbrote, rote, rotbraune bis violettrote Töne zeigen eine unterschiedliche Moosbedeckung auf den älteren Lavaflächen der ehemaligen Schildvulkane an, während die kräftige grüne Farbe der jüngeren Lavadecken auf eine rauhe Oberfläche und spärlichen Bewuchs schließen läßt. Bewirtschaftete und mit Gras bedeckte Felder sind auf der vor Reykjavík liegenden kleinen Halbinsel Bessastaðir, bei Mosfell und am Fuß des Berges Esja im oberen rechten Bildeck an ihrer gelben Farbe und den rötlichen Flecken zu erkennen. In dünnen gelben Streifen treten die von Flugzeugen ausgesäten Grasstreifen bei Keflavík markant hervor. Der Türkisfleck rechts unten im dunklen, schwarzen Meer ist als eine Wolke zu interpretieren. Am linken Bildrand zieht ein Wolkenschleier in blauer Farbe nordwärts über das Wasser.

30, 31, 32, 33 Auf beiden Bildseiten ist viermal der gleiche Bereich eines aus zwei Satellitenbildszenen zusammengesetzten Mosaiks abgebildet. Der Informationsinhalt ist jedoch unterschiedlich, da drei Abbildungen aus verschiedenen Spektralbereichen, bzw. Kanälen des Landsat-Systems stammen, und zwar: Abb. 30 aus dem Kanal 4 des grünen Bereichs des Spektrums mit den Wellenlängen 0,5–0,6 µm, Abb. 31 aus dem Kanal 5, der dem Rotbereich mit den Wellenlängen 0,6–0,7 µm entspricht und Abb. 32 aus dem Kanal 7 des nahen Infrarots mit den Wellenlängen 0,8–1,1 µm. Die Abb. 33 ist eine Falschfarbendarstellung, entstanden aus einer Überlagerung der Auszüge aus den Kanälen 4, 5 und 7 mit entsprechender Farbkodierung. Alle Abbildungen entstanden am 19. August 1973 und zeigen den westlichen Bereich Islands von der Süd- bis zur Nordküste mit den Gletschern Lang-, Hofs- und Mýrdalsjökull, den Inlandwüsten im Mittelteil und den verschneiten Bergen im Norden. Ein Vergleich dieser vier Bilder verdeutlicht das unterschiedliche Reflexionsverhalten von Pflanzen, Gesteinen, Aschen, Sandflächen, Eis und Wasser in den einzelnen Spektralauszügen und beweist, wie notwendig diese Scanner-Verfahren für die Bildinterpretation sind. Typische Ergebnisse werden in nachfolgender Tabelle zusammengefaßt:

Objekte	Kanal 4	Kanal 5	Kanal 7	Falschfarbenbild
(1) Küsten	• nicht ganz deutlich abgrenzbar, • Schwebstofffahnen	• deutlicher Verlauf, • geringere Schwebstofffahnen	• markanter Verlauf, da Wasser die Strahlung absorbiert, • keine Schwebstofffahnen	• markanter Verlauf, Schwebstofffahnen z. T. hellblau
(2) Hvítarvatn (Gletschersee)	• gleiche Farbe wie Gletschereis, da Schwebstoffe im Wasser	• etwas dunkler, nur geringfügig von Gletschereis zu unterscheiden	• deutlich dunkler, da Wasser die Strahlung absorbiert	• deutlich hellblau sichtbar, da Schwebstoffe bzw. Gletschermilch vorhanden
(3) Gletscher	• weiß, von Wolken kaum zu unterscheiden, • Flächenausmaße schwer festzulegen	• wie Kanal 4	• weiß, • Flächenausmaße gut abgrenzbar	• Eisdifferenzierung gut möglich, • Zungen bläulich
(4) Þjórsá, Hvítá (Gletscherflüsse)	• weiß, im Atlantik große Schwebstofffahnen, • Meeresströmungen lokalisierbar	• wie Kanal 4 aber Schwebstofffahnen geringer, • Flußbett schmaler	• Flußläufe erscheinen schwarz, • winzige Schwebstofffahnen	• Flußläufe hellblau, da Gletschertrübe vorhanden, • geringe Schwebstoffahnen

34 Die Satellitenaufnahme zeigt eine durchweg wolkenfreie Fläche von 60 x 80 Kilometern Ausdehnung im Süden Islands. Ein Teil der Hauptstadt Reykjavík ist am mittleren linken Bildrand zu sehen. Gegenüber liegen lange, vegetationslose Aschestreifen des Vulkans Hekla, der sich außerhalb der Bildszene befindet. Die Landsat-Thematic Mapper (Landsat-TM) Szene wurde am 7. 9. 1986 aus einer Höhe von ca. 705 Kilometern aufgenommen. Der Bildverarbeitung lagen die Daten der folgenden drei, speziell für diese Farbmischung ausgewählten Spektralkanäle zugrunde: Kanal 3 (0,62–0,69 µm) – dem blau, Kanal 4 (0,78–0,90 µm) – dem grün, und Kanal 5 (1,57–1,78 µm) – dem rot zugeordnet wurde. Deutlich ist die Farbaufteilung zu erkennen: Blau bis Violett ist als vegetationslose Fläche, Violett bis Violett-rot als Moosbereich zu klassifizieren; in Gelb bis intensiv Grün erscheinen die saftigen Wiesen und landwirtschaftlich genutzten Weidelandschaften, die einen hohen Reflexionsgehalt haben. Die Wasserflächen und das Meer erscheinen in Schwarz. Die blaue bis blauviolette Farbe des Gletscherflusses Þjórsá und der Fleck bei ihrer Einmündung in den Atlantik geben Auskunft über das Ausmaß der Sedimentfracht. Die gleiche Farbe tragen auch die vegetationslosen Sanderküstenstreifen und die höher gelegenen, unbewachsenen Bergkuppen. Reykjavík ist an den blaßbläulichen Tönen zu erkennen. Die gelben bis grünen Flecken im Stadtbereich sind Grünflächen. Unterschiedliche violett-rote bis rote Flächen zeigen die höher gelegenen Lavadecken in der linken Bildhälfte an. Sie sind überwiegend mit Moos bewachsen. In der rechten Hälfte liegt Islands wichtigstes landwirtschaftliches Anbaugebiet in gelben bis grünlichen Tönungen. Es sind zu sehen die Ortschaften Selfoss, Hella im Süden und Fluðir im Norden. Das tektonische Geschehen, das überwiegend in SW-NE-Richtung verläuft, ist besonders auf der linken Bildhälfte gut zu beobachten.

35, 36, 37, 38, 39 Alle 5 Satellitenbilder sind Bildverarbeitungsprodukte einer Landsat-TM Szene vom 7. 9. 1986. Jeder Ausschnitt zeigt links unten Reykjavík, weiter oben das Esja-Massiv, sowie links oben den Fjord Hvalfjörður. Im rechten unteren Bildteil ist eine Flußbiegung der Ölfusá zu erkennen, dann beginnt das Hochtemperatur-Gebiet Hengill, dem sich der See Þingvallavatn anschließt. Je nach Verarbeitungsmethode vermittelt jedes einzelne Bild spezielle, optimale Erkennungsmerkmale in unterschiedlicher Farbabstufung. So ist die Abb. 35 eine Darstellung in Naturfarbe aus den Kanälen 1, 2, 3 und deren Farbunterlegung mit blau, grün und rot. Die Abb. 36 eignet sich besonders, geologisch-tektonische Einheiten und Strukturen zu interpretieren, während es sich bei der Abb. 37 um eine Spezialfilterung zur differenzierten Erfassung der Vegetation handelt. Im Endergebnis wurden bei diesem Bild der Rot- und Grünauszug ausgetauscht, so daß dichte Vegetation nicht wie bei den Farbinfrarotbildern in Rot, sondern in Grün erscheint. Die Abb. 38 wurde nach einer Datenverarbeitungsmethode erstellt, die sich auf die 3 Faktoren Farbintensität, Farbton und Farbsättigung (Intensity, Hue, Saturation) stützt, dem IHS-Verfahren.
Eine Falschfarbendarstellung in Kombination mit dem IHS-Verfahren ist schließlich die Abb. 39 aus den Spektralkanälen 2, 3 und 4. Die Kanäle 2 und 3 eignen sich vor allem für die Bestimmung der Vitalität von Pflanzen bzw. für die Unterscheidung der Pflanzenarten, Kanal 4 für Informationen über hydrologische Gegebenheiten und Vegetationsstreß. So heben sich in der Abb. 39 die Grasflächen und landwirtschaftlich genutzten Areale deutlich in kräftig leuchtenden Rottönen ab. Rotbraun sind die Krüppelbirken, Weiden und die mit Heidekraut und Beerensträuchern bewachsenen Grasflächen im Nationalpark »Þingvellir«. Der dichte Moosbelag auf den relativ rezenten Lavaströmen, wie z. B. dem Svínahraun und Hólmshraun, ist blau-grün gefärbt. Er kann leicht von den olivgrünen Moosflächen von Mosfellsheiði im Bildzentrum unterschieden werden. Diese 5 Ausschnitte zeigen, welche Möglichkeiten die Fernerkundung den Geowissenschaften bietet.

40 Die sich pilzförmig ausbreitende Gletscherzunge Múlajökull im Zentrum Islands wurde am 25. 8. 1989 aus einer Flughöhe von 2000 Metern aufgenommen. Ihre Form ist einzigartig. Deutlich sind die Austritte der zahlreichen Gletscherabflüsse am Eisrand zu erkennen. Ihre Fließrichtung ist identisch mit den radial angeordneten Gletscherspalten. Die Rinnsale vereinen sich außerhalb der Endmoränenwälle zu großen Wasserläufen. Die Toteislöcher, die hier mit Wasser gefüllt sind, und die ringartig zu der Gletscherfront verlaufenden Endmoränenwälle deuten auf einen stetigen Rückzug des Eises hin.

41,42 Beide Abbildungen geben den Múlajökull, sein periglaziales

Vorfeld und den Oberlauf der Þjórsá wieder. Die Aufzeichnung wurde am 17.9.1984 mit dem Landsat-TM (Thematic Mapper) aus einer Höhe von etwa 750 Kilometern gemacht. Dieses System arbeitet mit 7 Spektralkanälen. Für die Abb. 41 wurde der Kanal 1 (0,45–0,52 µm) im Blau-Bereich herangezogen, und für die Abb. 42 der Kanal 5 (1,57–1,78 µm) im mittleren Infrarot. Auf der Abb. 41 (Kanal 1) erscheinen die Eisbereiche (links oben) in weißer Farbe, während die Oberflächenstruktur und die Fließrichtung des Eises auf dem Múlajökull durch Grautönungen verdeutlicht werden. Der vegetationslose Saum und die Moränen im Vorfeld der Gletscherzunge sind hellgrau; die mit Wasser gefüllten Toteislöcher erscheinen, ebenso wie das Flußsystem der Þjórsá, wieder in Weiß. Die hauptsächlich aus Moos bestehende, spärliche Vegetation hat eine dunkle bis schwarze Tönung (rechter und unterer Bildteil). Auf der Abb. 42 (Kanal 5) können Schneeflächen bestimmt und die Feuchte des Bodens, bzw. der Eisoberflächen ermittelt werden. Hier ist die Gletscherzunge Múlajökull völlig schwarz. Die Fließrichtung kann infolge des Schmelzwassers auf der Eisoberfläche nicht erkannt werden. Nur die Eisbereiche (links oben) weisen graue Schattierungen auf. Die Flußarme der Þjórsá, die kleinen Seen und die wassergefüllten Toteislöcher sind schwarz, das vegetationslose Flußbett mit dem feinen, basaltischen Sand ist grau bis schwarz.

43 Am 22.9.1973 wurde der Südosten Islands von einem Landsat-Satelliten überflogen. Die computertechnische Verarbeitung der Daten des Multispektral-Scanners (MSS) ergab die vorliegende Falschfarbendarstellung, die insbesondere die morphologischen Gegebenheiten der Eisbedeckung, vor allem des Vatnajökull, aufzeigt. Mit Hilfe dieser Methode werden Strukturen der Eisoberfläche sichtbar gemacht, die üblicherweise infolge der hohen Albedo während der Sommermonate nicht festgehalten werden können. So pausen sich die SW-NE-gerichteten Strukturen, die in engem Zusammenhang mit der neovulkanischen Zone stehen, deutlich durch. Charakteristisch sind auch die schwarzen Sander an der Atlantikküste und die landwirtschaftlich nicht genutzten, mit Moos bedeckten Flächen, die in einem roten Farbton gehalten sind. Bedingt durch den Mittelatlantischen Rücken verläuft die aktive Vulkanzone im Süden in SW-NE-Richtung. Auffallend ist die weitgehende Anpassung der Kraterketten, Spaltensysteme und der Hochtemperatur-Gebiete an diese Orientierung. Die Feuerspalte Eldgjá und die Kraterketten der Laki-Spalte sind auf der Bildszene links unten zu sehen. Sie durchqueren das Gebiet auf einer Länge von fast 40 Kilometern.

Unter den Eismassen des Vatnajökull liegt ein aktiver Vulkan, der zur Bildung der Grímsvötn, einer Caldera, führte. Ihre subglazialen Ausbrüche lösen immer wieder die gefürchteten Jökulhlaup (Gletscherläufe) aus, die sich in die Sanderfläche im Küstenbereich ergießen. Deutlich sind im Skeiðarársandur die zahlreichen hellblauen Gletscherflüsse und ihre Einmündung in den Atlantik zu erkennen. Große Mengen an Schwebstoffmaterial werden von der Meeresströmung nach Südwesten getrieben.

44, 45 Zwei verschiedene Bildverarbeitungsprodukte aus dem Ausschnitt einer Landsat-TM-Szene vom 7.9.1986 werden hier wiedergegeben. Es handelt sich um das Gebiet Hengill-Þingvellir. Mit einer Ausdehnung von 53 Kilometern reicht es vom Fluß Ölfusá (rechts unten) bis zum Hvalvatn, einem See rund 15 Kilometer nördlich von Þingvellir. Die Abb. 44 ist mit Hilfe einer Spezialfilterung auf die Erkennung von Vegetationsmerkmalen abgestellt, während die Abb. 45 sich eher für tektonisch-geologische Aussagen eignet. Beiden gemeinsam ist die schwarze Wasserfläche der Seen Þingvallavatn und Hvalvatn. Bei der Abb. 44 können in leuchtend Rot bis Rot-violett Areale mit Gras und Krüppelbirken erkannt werden. Moose unterschiedlicher Dichte und Vitalität treten in grünen bis gelb-grünen Tönen auf. Die vegetationslosen Bereiche im Hengill-Gebiet und in höheren Berglagen sind an der hellgrauen bis grauen Farbe zu erkennen. Geringer Neuschnee erscheint links oben in Blau. Die Ringstraße 1 und die Stromleitung von Búrfell führen als dunkelgraue, dünne Linien von Ost nach West durch den unteren Bildteil. Auf der Abb. 45 sind dagegen im Hengill (Zentrum des Bildes) die Südwest-Nordost ziehenden Spaltenbrüche und Verwerfungen wie auch die Westnordwest-Ostsüdost streichenden Strukturen zu erkennen. Sie sind dem tektonischen Geschehen angepaßt. Landwirtschaftlich genutzte Felder erscheinen in hellgrauer bis bläulich-grauer Farbe. Die Ortschaft Hveragerði schließlich ist an den blau-violetten, dicht zusammenhängenden Punkten, d.h. an den Dächern von Wohn- und Gewächshäusern, zu erkennen. Bergrücken ohne Vegetation treten schwarz-blau, und Hochplateaus mit geringem Neuschnee (links oben) violett hervor. Derartige Satellitenbildaussagen erleichtern die im Vergleich zu Luftbildern oft mühevolle Interpretation.

46, 47 Während des Fluges wurden die Bilder synchron aufgenommen, eine Aufnahme in Normalfarbe (Abb. 46) und die andere in Farbinfrarot (Abb. 47). Mit dieser Technik ist es möglich, die vegetationslosen, in grauen Farbtönen erscheinenden Lavafelder und die Vegetation in den leuchtend roten Farben deutlich voneinander zu unterscheiden. Im Westen Islands, rund 70 Kilometer nördlich von Reykjavík, liegt das Vulkangebiet von Hreðavatn, benannt nach dem See in der unteren Hälfte der Bilder. Das Gebiet wird durch die Straße von Akureyri geteilt. Bizarre Lavaschollen und zerbrochene Lavadome – typisch für apalhraun Lava – bedecken eine Fläche von ca. 5 auf 3 Kilometer. In der Bildmitte liegen die postglazialen Krater-Kegel Grábrók und Grábrókafell. Die Hauptausflußstellen der Lava heben sich deutlich ab. Entlang des sich mäanderartig dahinziehenden Flusses Norðurá sind im rechten Teil der Bilder landwirtschaftliche Nutzflächen zu erkennen. Auf der linken Bildseite werden die tertiären Basaltlagen jeweils von langgestreckten Bruchsystemen in Südsüdwest-Nordnordost- und Ostsüdost-Westnordost-Richtung durchzogen – ein Zeichen für die starke tektonische Beanspruchung dieser Landschaft.

48 Die Schräg-Luftaufnahme zeigt Reykjavík mit dem Bergmassiv Esja im Hintergrund. Sie wurde am 30. 8. 1979 aus einer Höhe von 3660 Metern aufgenommen. Mit rund 104 300 Einwohnern ist Reykjavík die nördlichste Hauptstadt der Welt. Im Großraum von Reykjavík leben derzeit rund drei Viertel der Gesamtbevölkerung Islands.

49 Mit Senkrecht-Luftaufnahmen dieser Art können an photogrammetrischen Auswertegeräten Karten in diversen Maßstäben erstellt werden. Dieses Bild aus einer stereoskopischen Folge mit 60 % Längsüberdeckung entstand am 20. 8. 1987. Das Flugzeug befand sich – ausgerüstet mit einer Reihenmeßkamera – 2000 Meter über dem Zentrum von Reykjavík. Über die obere Bildhälfte verteilen sich die bunten, rechteckigen Dächer der Häuser im Stadtkern. Die kleinen Vorgärten haben einen dichten Baumwuchs. Zwischen dem Hafen und dem Stadtsee Tjörnin liegt das eigentliche Zentrum der Stadt mit einer Fußgängerzone, dem Regierungsgebäude, Banken, Post, Geschäften und Restaurants. Das Universitätsgelände schließt sich ihm an. Den Grad der Verschmutzung des Meeres durch die Einleitung von unbehandelten Kanalwässern zeigen die Schwebstoffahnen an (links oben). Auf dem Flughafengelände sind die alten, noch aus dem Zweiten Weltkrieg stammenden Pisten und kreisförmigen Abstellflächen in hellbrauner Farbe zu erkennen wie auch das rote Dach der Frachthalle.

50 Auf dieser Senkrecht-Luftaufnahme aus dem Jahre 1973 ist der nördliche Bereich des Sees Mývatn abgebildet. Es handelt sich um eine Falschfarben- bzw. Farbinfrarot-Aufnahme: auch die für das menschliche Auge nicht mehr sichtbaren Teile des Spektrums im nahen Infrarot wurden aufgezeichnet. Dies ist insofern von Bedeutung, als die Vegetation ihr Reflexionsmaximum im nahen Infrarot (NIR) erreicht. Durch die Verschiebung in den längerwelligen Bereich erscheint die Pflanzendecke in unterschiedlichen Rottönen, die Aufschluß über ihre Art und Intensität geben. Farbinfrarotdaten finden vielfach Verwendung bei der ökologischen Kartierung. Im oberen Bildteil ist der nahezu vegetationslose Lavastrom in blassen grau-bläulichen Tönen zu erkennen, der sich im August 1729 aus den Kratern der Leirhnjúkur-Spalte ergoß. Üppige Grasflächen und Krüppelbirken erscheinen in kräftigen Rotfarben mit unterschiedlicher Intensität. Die Wasserfläche des Mývatn dominiert in einem leuchtenden Blau mit dunklen, blauschwarzen Schattierungen – Indiz für eine unregelmäßige Morphologie und einen Bewuchs in dem 3–4 Meter tiefen Untergrund des Sees. Auf der Wasserfläche ist rechts ein Saugfloß zu erkennen, das bei dem Abbau von Kieselgur bzw. Diatomit eingesetzt wird. Der Bau immer neuer Häuser hat in den letzten Jahren den Charakter der Ortschaft Reykjahlið und ihres Umfeldes sehr verändert.

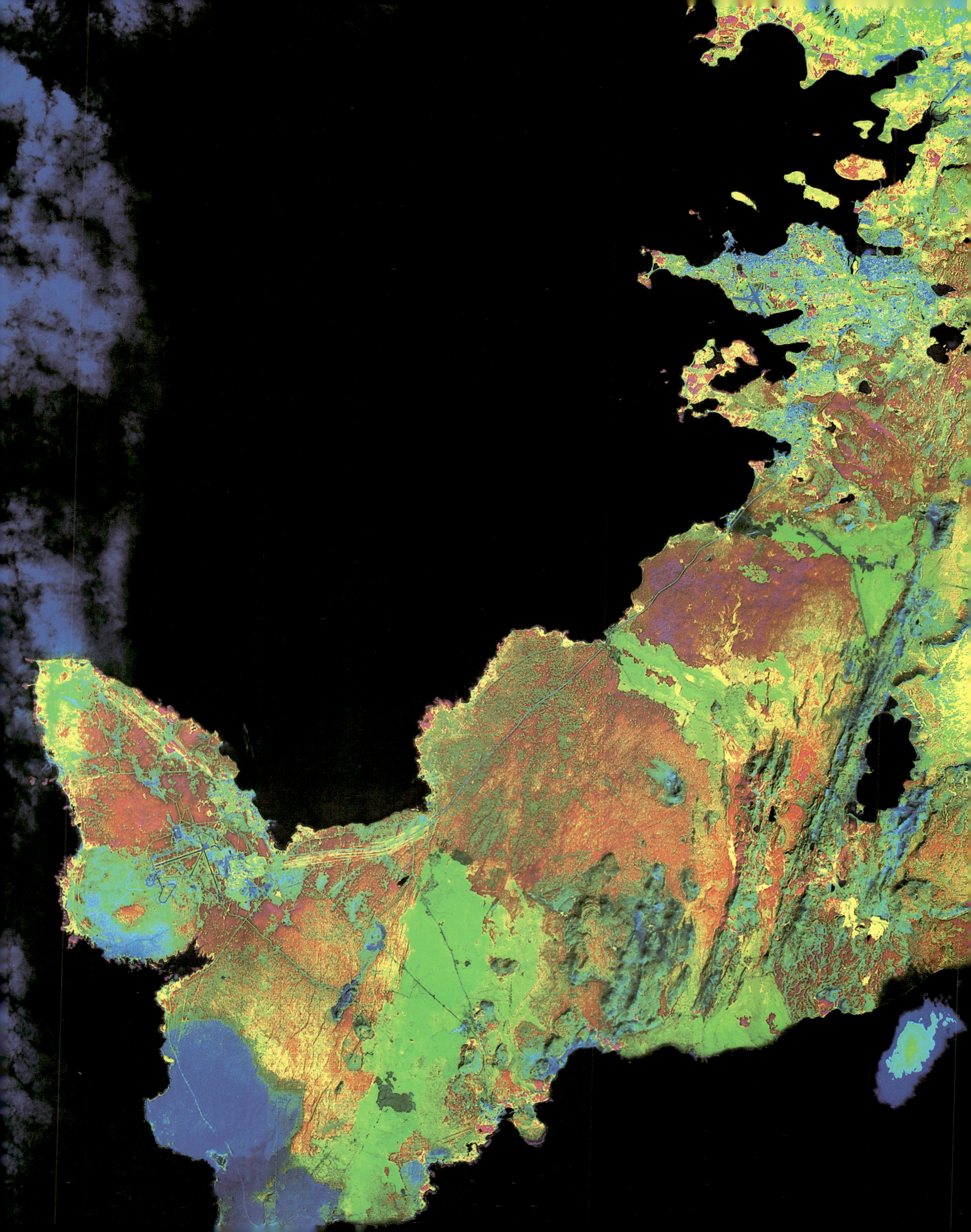

1
3
2
3
4
4
3
1

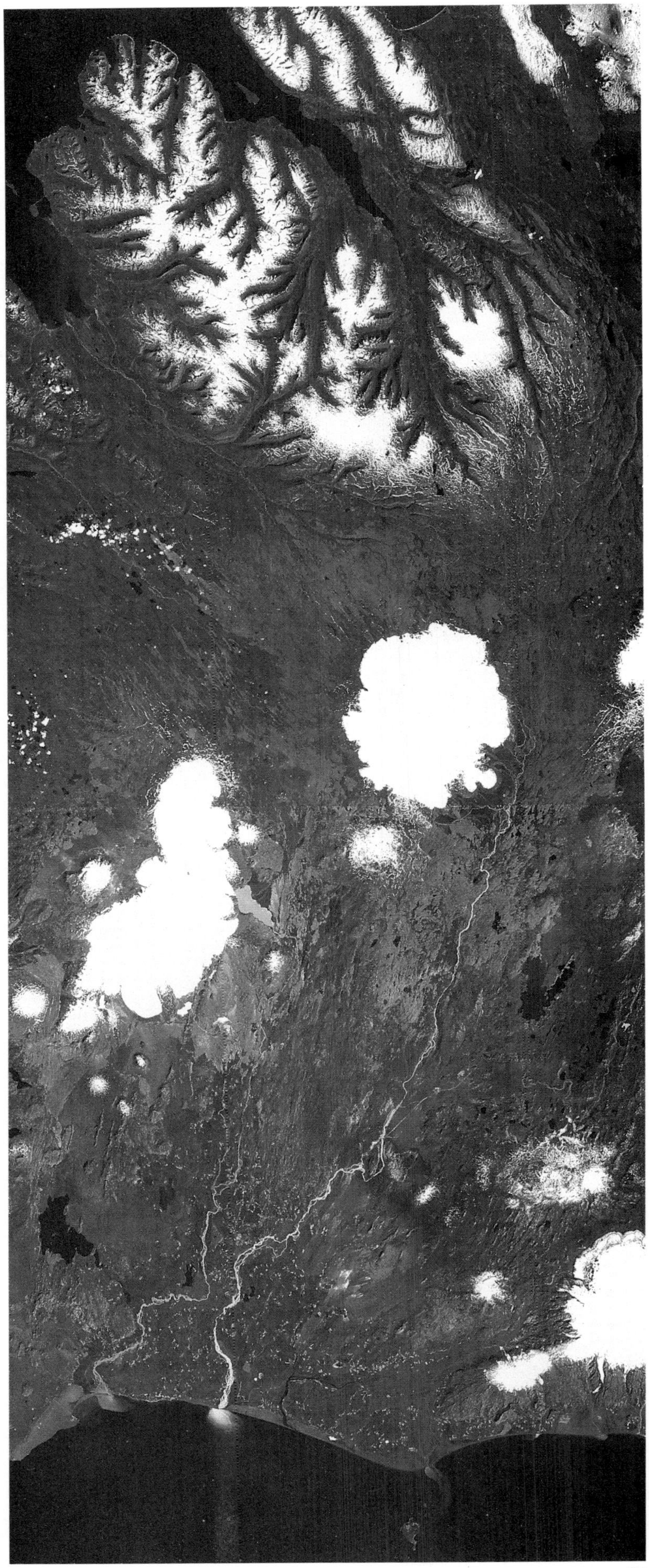

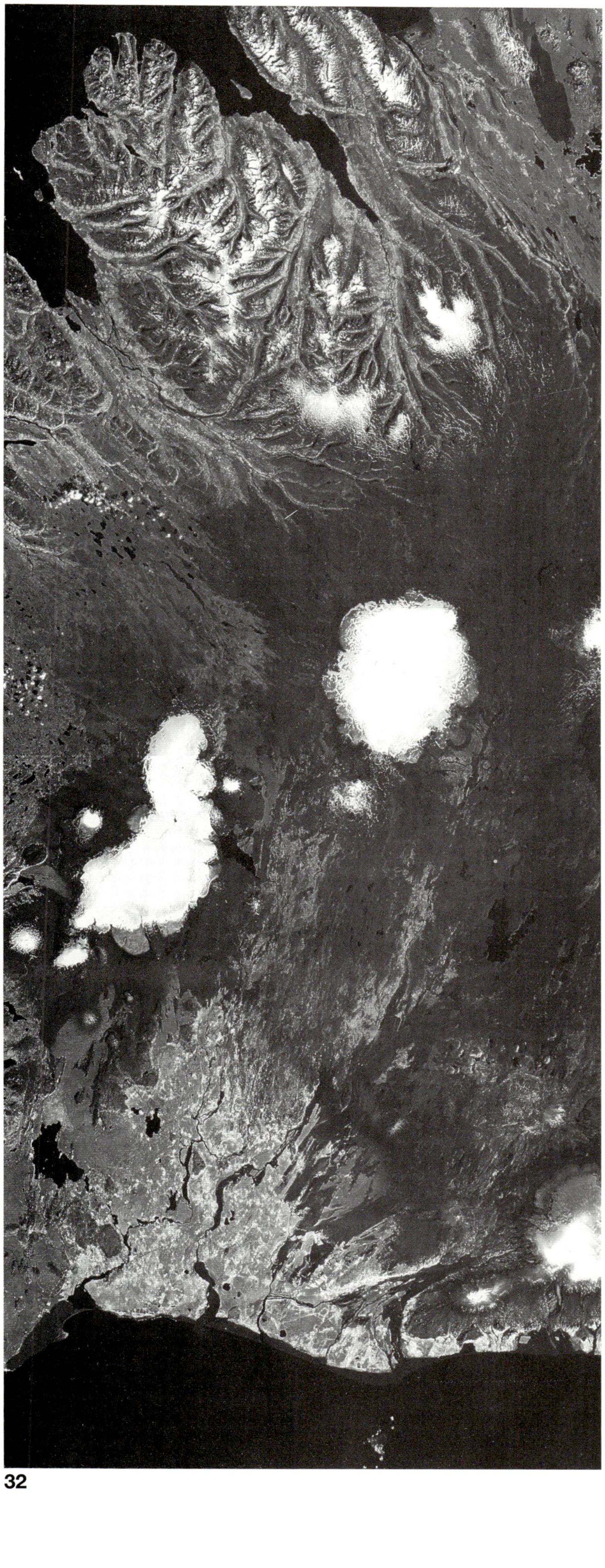
32

33

34 ▶

35

36

37

38

39

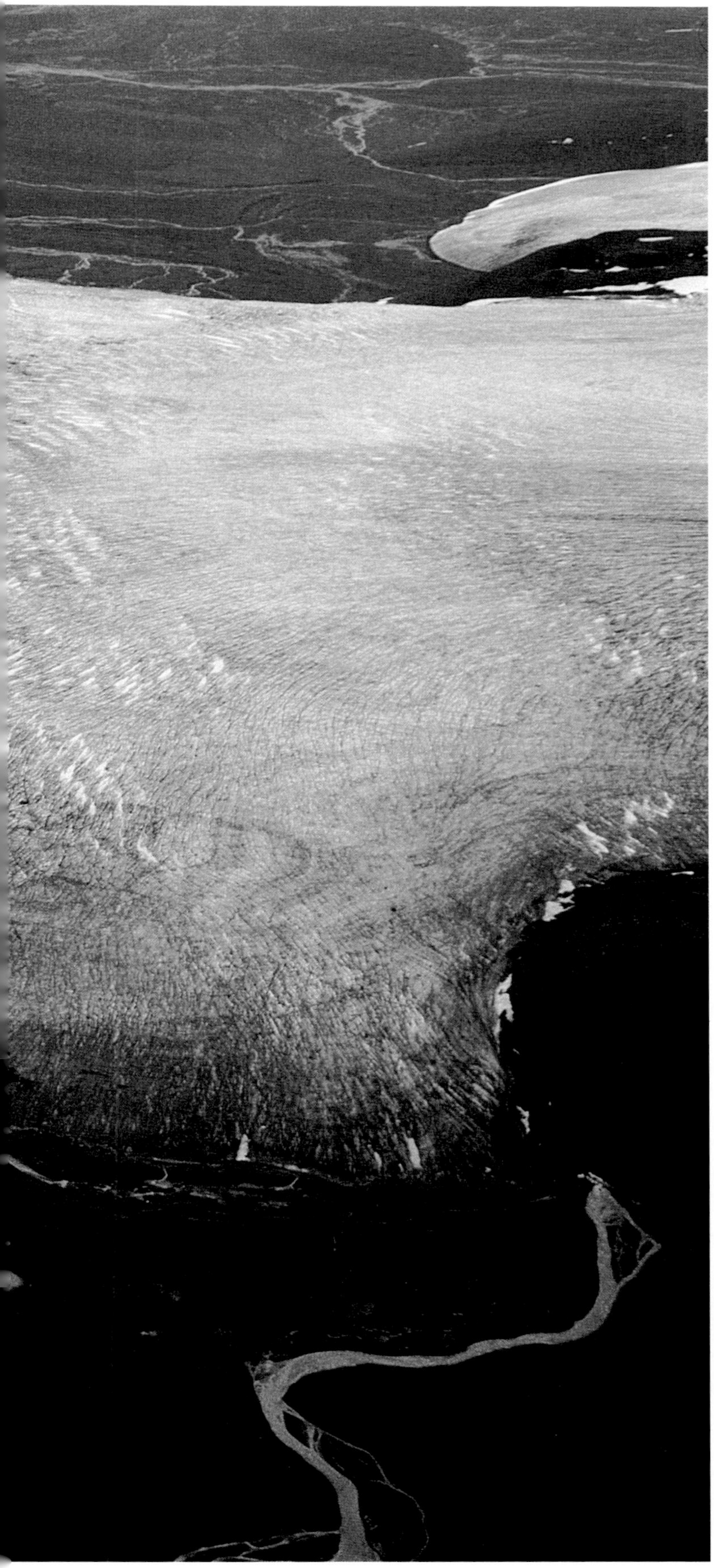

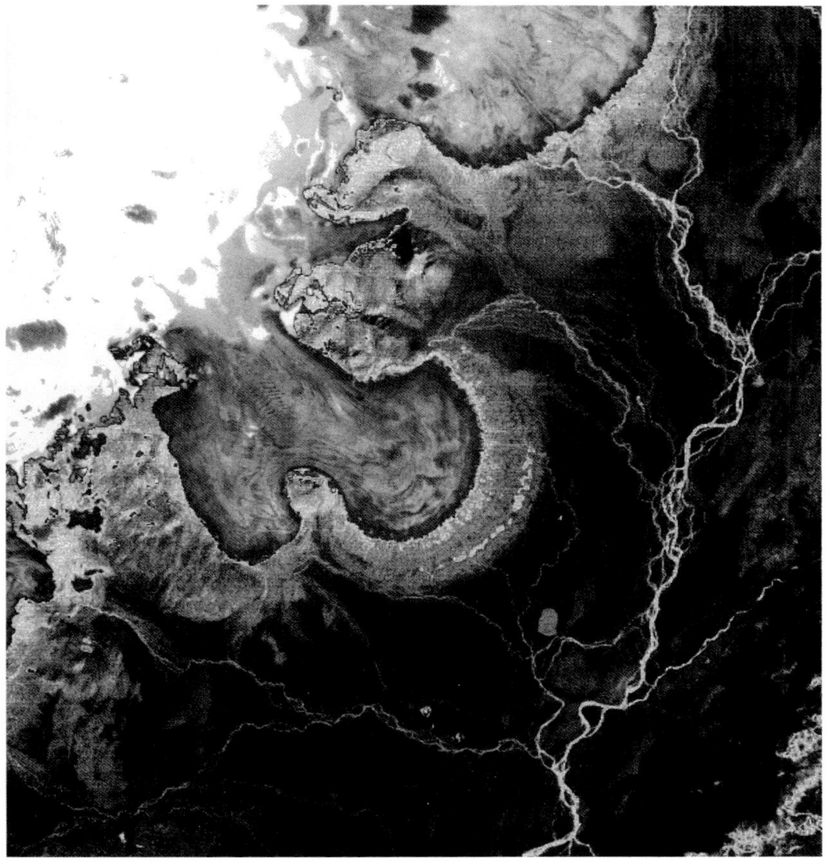

41

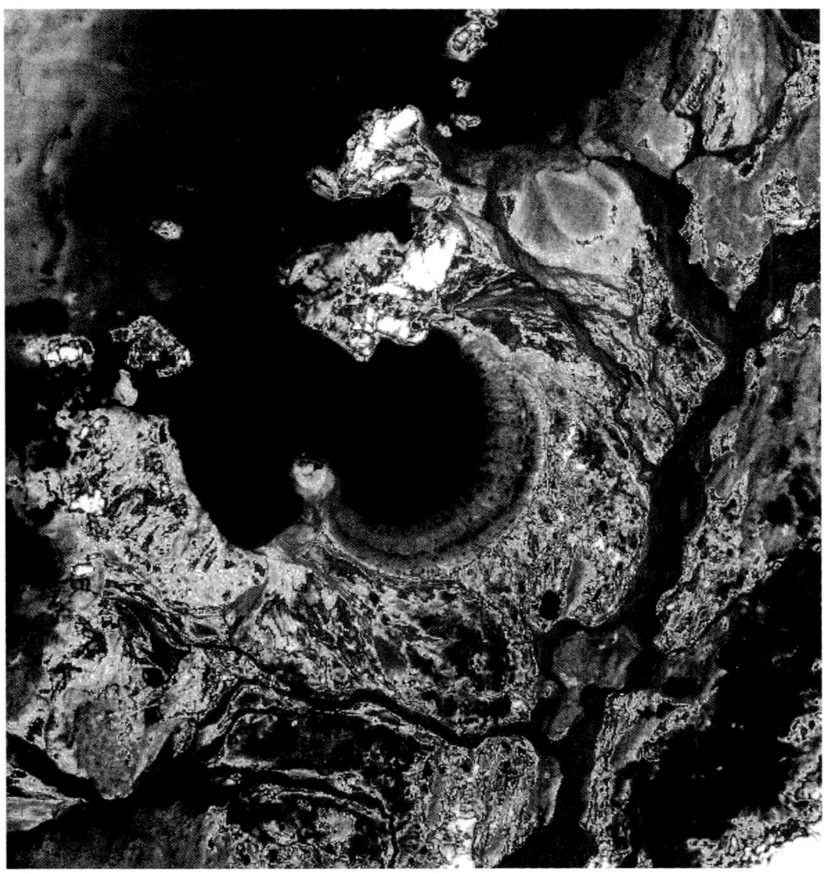

42

44

45

◄ 43

46

47 ►

48

49 ▶

Ein junges Land in Bewegung
Geologie und Tektonik

Zwei Faktoren sind es vor allem, die im Lauf der Erdgeschichte das Bild Islands geprägt, seinen geologischen Aufbau und seine tektonischen Strukturen bestimmt haben.
Zum einen ist Island ein noch sehr junges Land: Seine ältesten Gesteine sind Basalte, die vor rund 20 Millionen Jahren im Miozän entstanden sind. Der Ursprung des Landes fällt somit in das geologische Zeitalter des Tertiärs, einer Epoche, deren Ende vor 1,5 bis 2 Millionen Jahren eintrat.
Zum anderen hat der Mittelatlantische Rücken bis in die Gegenwart hinein eine entscheidende Bedeutung für Island. Bei seiner Bildung und im Verlauf seiner Erweiterung führten tektonische Vorgänge zu einem langsamen Auseinandertreiben der Landmassen von Afrika und Südamerika sowie Europa und Nordamerika. Dieser Prozeß – als Drift oder Sea-floor spreading bekannt – ist auch heute noch wirksam. Die Rate der Driftbewegung bzw. der Dehnung beträgt auf Island derzeit etwa 2 cm pro Jahr. Mit anderen Worten, das östliche und das westliche Island driften jährlich im Schnitt soweit auseinander.

Island baut sich aus massiven Basaltdecken auf, die aus übereinanderliegenden Lavaergüssen bestehen. Diese Decken werden durch den Dehnungsprozeß auseinandergebrochen und verlagern sich kontinuierlich nach Ost und West. Ein Blick auf die geologische Karte (Abb. a) läßt diese auch heute noch anhaltende Verschiebung deutlich erkennen: Die tertiären Basalte sind nicht mehr im Landesinnern, sondern im Nordwesten, im Norden und entlang der gesamten Ostküste zu finden. Ein besonderes Merkmal dieser oft eintönig wirkenden Plateaubasalte sind die vereinzelt eingelagerten Vorkommen an fossilen pflanzen- und kohleführenden Schichten (isl.: Surtarbrandur).

Die quartären Basalte konzentrieren sich hauptsächlich im Mittelteil des Landes zu beiden Seiten der heute noch aktiven Vulkanzone. Dem Aufbau nach sind sie nur sehr schwer von den älteren, tertiären Basaltlagen zu unterscheiden. Auch sie enthalten des öfteren zwischengelagerte Sedimente mariner oder fluviatiler Herkunft, gelegentlich auch Braunkohle. Wohl einzigartig sind die während der Eiszeiten in dieser Epoche entstandenen Palagonit-Formationen (isl.: móberg), die nur im Bereich der jungvulkanischen Zone und auf der Halbinsel Snæfellsnes vorkommen.
Für den jüngsten Zeitabschnitt des Quartär, die postglaziale oder nacheiszeitliche Epoche des Holozäns, die bis in die Gegenwart hineinreicht, sind ein andauernder Vulkanismus in der neovulkanischen Zone und auf der Halbinsel Snæfellsnes, sedimentäre Bildungen, wie Ablagerungen von Sand und Schotter in den Flußtälern und an den Küsten ebenso kennzeichnend wie die Entwicklung von Mooren und später die Bildung von Torf.
Island weist eine regional-geologische Gliederung auf, die vor allem deshalb interessant ist, weil die Gesteinsschichten nach ihrem geologischen Alter symmetrisch angeordnet sind, wie in Abb. a dargestellt.

- Im mittleren Teil des Landes liegt die jung- oder neovulkanische Zone mit vulkanischen Formen aus den Epochen des jüngeren Pleistozäns, des Holozäns und der Gegenwart.
- Zu beiden Seiten der neovulkanischen Zone sind in engen Streifen die pleistozänen oder die alten grauen Basalte vertreten.
- Die ältesten Einheiten bilden die tertiären Basalte. Weit ausgedehnt kommen sie im Norden, auf der fingerförmigen Halbinsel im Nordwesten und im Osten des Landes vor.

Die neovulkanische Zone gehört zu den aktivsten Vulkanregionen der Erde. Sie zieht mitten durch Island hindurch: Im Südwesten verläuft sie in zwei nahezu parallel versetzten Streifen in nord-östlicher Richtung zur Mitte des Landes. Hier vereinigen sich beide Streifen; die Richtung ändert sich und weist nun von Süden nach Norden. Auffallend ist der richtungsbetonte Verlauf der Kraterketten, Spalten und Verwerfungen sowie der Flüsse, Seen, Bergrücken und Täler. Sie alle passen sich dem tektonischen Muster der Streßzone an und folgen ihrer Richtung von Südwesten nach Nordosten bzw. von Süden nach Norden. Immer wieder werden diese Strukturen sichtbar: wie z.B. im Südwesten die Verwerfungen am Kaldidalur und bei Þingvellir, im südlichen Bereich die Kraterkette der Laki und die Feuerspalte Eldgjá; oder im Norden die Spalten der Grjótagjá, Stóragjá und Krummagjá in der Nähe des Sees Mývatn sowie die zahlreichen Spalten und Verwerfungen der Gjástykki (siehe Abb. c). Vulkanische Aktivität ist aber auch außerhalb der eigentlichen Riftzone zu verzeichnen, vor allem auf den Westmänner-inseln – zuletzt auf Heimaey und Surtsey, wie auch auf der Halbinsel Snæfellsnes im Westen, wo der letzte Ausbruch etwa 900 n. Chr. erfolgte. Ein weiteres Beispiel ist der Vulkan Öræfajökull im Süden, bei dem es in den Jahren 1362 und 1727 zu verheerenden Eruptionen kam.

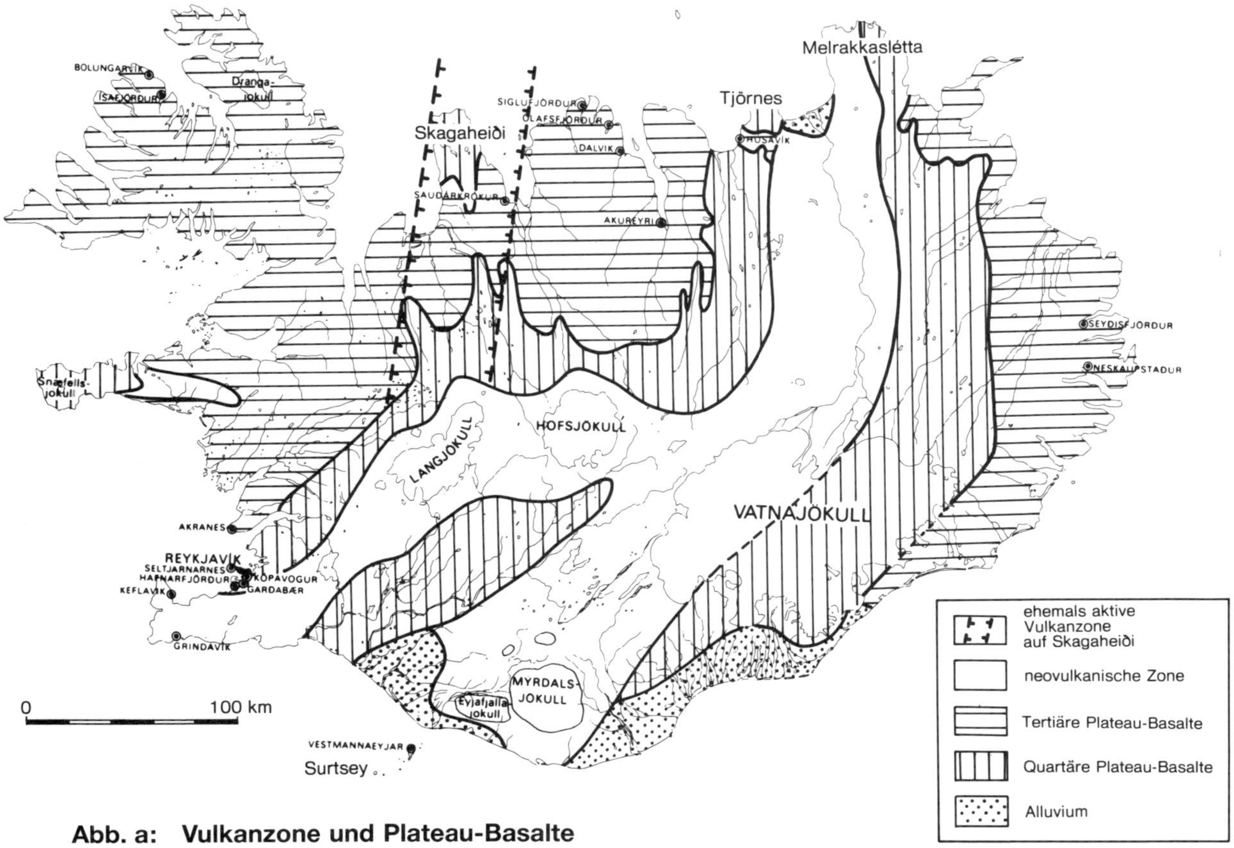

Abb. a: Vulkanzone und Plateau-Basalte

Auch die mehrfach wiederkehrenden Vereisungen haben die Gestaltung des Landes und seine Formen entscheidend beeinflußt. Sie wurden durch einschneidende Klimaverschlechterungen während des Pleistozäns und des Holozäns verursacht. Mindestens zehn Eiszeiten haben nachweislich die Insel ganz oder teilweise vergletschert. Wichtige Eiszeitstadien für Island waren die Gletscherbildungen des Álftanesjökull und des Búðajökull. Auch heute werden immer noch rund 11000 Quadratkilometer, das sind 11 % des Landes von Eis bedeckt. Die Einwirkung der Eismassen, insbesondere aber ihrer Schmelzwässer auf die Landschaft ist geomorphologisch von großer Bedeutung. Dies zeigen die riesigen Schotter- und Sandflächen, die Sander, die entlang der gesamten Südküste verlaufen sowie die gewaltigen, tief in die harten Basaltlagen des Nordens eingeschnittenen Flüsse. Ein weiteres Charakteristikum Islands sind die Inlandwüsten. Sie bestehen aus weitflächigen Lavadecken und vegetationslosen, nur mit lockerem vulkanischen Geröll und Sand bedeckten Bereichen. Die ungewöhnlich starke Durchlässigkeit des vulkanischen Bodens hat zur Folge, daß alles Niederschlagswasser sofort versickert und für die spärlich wachsenden Pflanzen kaum noch erreichbar ist.

Die Tektonik Islands und des nordatlantischen Raums wird weitgehend von den Dehnungsvorgängen bestimmt, die von dem Mittelatlantischen Rücken ausgehen. So ist der auch heute noch aktive Vulkanismus ein deutliches Zeichen für diesen sich langsam vollziehenden Bewegungsprozeß: Immer wieder reißen neue Spaltensysteme auf, Vulkane fördern Lava und Lockerstoffe wie Aschen, Bomben und Lapilli. Vor allem gilt dies aber für die Entstehung der Insel Surtsey im Jahre 1963, die jüngsten Vulkanausbrüche auf der Insel Heimæy 1973 und der Hekla 1970, 1980–81 und 1991, sowie für die wiederholten Eruptionen an der Krafla von 1975 bis 1984.

Die Existenz des Mittelatlantischen Rückens bzw. der vulkanischen Störungszone auf Island ist eine Bestätigung der von Alfred Wegener erstmals im Jahre 1912 aufgestellten These von der Kontinentaldrift, d. h. von dem durch horizontale Verschiebungen ausgelösten Auseinandertreiben der Kontinente. Der Verlauf des Rückens konnte mit Hilfe von Echolotungen in den letzten Jahrzehnten eingehender untersucht werden (s. Abb.157 u. Abb. b). Er ist aber auch an der Konzentration von Erdbeben-Epizentren zu erkennen, die erfahrungsgemäß in Verbindung mit den ozeanischen Rücken auftreten. Auf einer Länge von rund 15000 Kilometern steigt der Rücken mit 1500 bis 2500 Metern von dem Boden des Ozeans auf. An seiner Basis wurden Breiten von 500 bis 2500 Kilometern gemessen. Nur mit Island erhebt sich der Mittelatlantische Rücken über den Meeresspiegel. Bei den Azoren und Jan Mayen auf der nördlichen oder St. Helena und Bouvet auf der südlichen Halbkugel, handelt es sich dagegen um einzelne Vulkane, die mit ihren Spitzen aus dem Meer ragen.

Sie haben Inseln gebildet, die nicht immer in unmittelbarer Verbindung zu der Achse des Mittelatlantischen Rückens stehen.
Als Teilstück der aktiven Dehnungszone bietet Island die seltene Gelegenheit, Vorgänge zu beobachten, die sich sonst nur in der Tiefe des Ozeans abspielen. Mit einer Fläche von rund 103 000 Quadratkilometern ist es die größte vulkanische Insel auf der Welt und mit einer Länge von 350 Kilometern zugleich auch das größte sichtbare Gebiet in dem System der mittelozeanischen Rücken. Der Scheitel verläuft von dem südlich von Island liegenden submarinen Reykjanes-Rücken über die durch das Land führende, sichtbare neovulkanische Zone bis hin zu dem sich in nördlicher Verlängerung anschließenden, wieder submarinen Kolbeinsey oder Island-Jan Mayen Rücken.

V.Z.

Verschiebungszone

.4000

Meerestiefe (m)

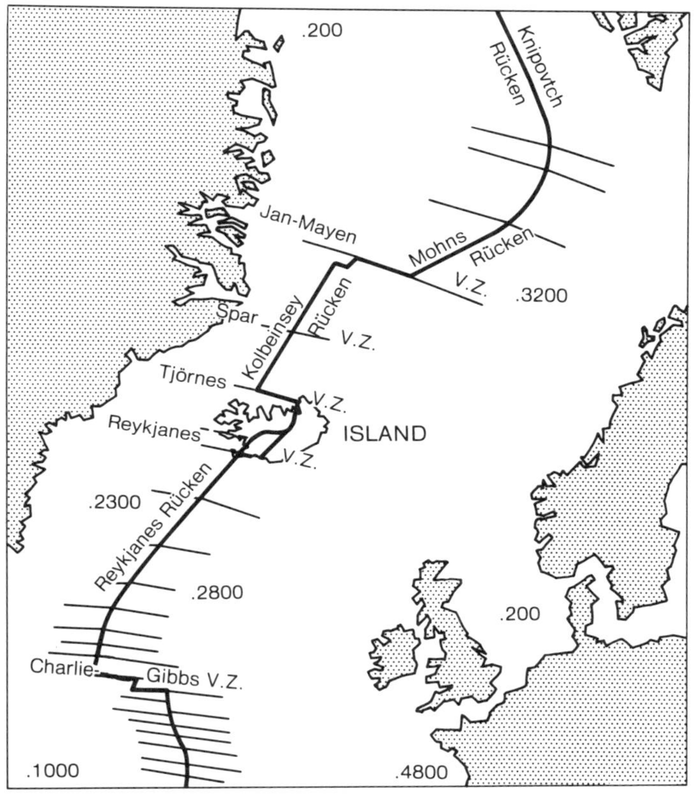

Abb. b: Verlauf des Mittelatlantischen Rückens (MAR) im Nordatlantik

Untersuchungen ergaben, daß es sich bei dem Mittelatlantischen Rücken nicht um ein zusammenhängendes System handelt. Er ist vielmehr an Ost-West gerichteten Querbruchzonen über viele Kilometer hinweg parallel zu seiner Hauptachse versetzt. Diese Tatsache ist auf gegensätzliche Bewegungsabläufe zurückzuführen, ein Vorgang, der auch heute noch erfolgt. Diese Verschiebungszonen – ein Charakteristikum des Mittelatlantischen Rückens – sind in der Wissenschaft unter der Bezeichnung »Transform Faults« bekannt. Sie zeichnen sich durch hohe seismische Aktivität sowie ein Ost-West betontes Rich-

tungssystem der Spalten aus. In Island gibt es zwei derartige Zonen: die Tjörnes-Verschiebungszone, die sich unter Einschluß der Halbinsel Tjörnes sowie der Insel Grímsey im Norden an der Küste entlangzieht, und zum anderen die Reykjanes-Verschiebungszone im Südwesten, die von der Halbinsel Reykjanes in östlicher Richtung über die Stadt Selfoss bis hin zum Vulkan Hekla reicht.
Die Rift- und Erdbebenzonen nahmen allerdings nicht immer die gleiche Lage ein wie heute: Gegen Ende des Tertiärs verlief die vulkanische Zone von Süden her über die Halbinsel Reykjanes bis zum Gletscher Langjökull und erstreckte sich weiter bis nach Skagaheiði, einer Halbinsel im Norden. Vor ca. 4 Millionen Jahren – so wird angenommen – führten dann erhöhte Krustenbewegungen im Norden Islands zu einer Aufsplitterung und langsamen Verlagerung der Zone, bzw. der Hauptdriftachse des Mittelatlantischen Rückens, gen Osten. Die Folge war, daß die vulkanische Tätigkeit auf Skagaheiði vor rund 0,5 bis 1,5 Millionen Jahren völlig erlosch. Heute konzentriert sich die vulkanische und tektonische Aktivität vor allem auf den Norden des Landes, d. h. auf den ca. 60 Kilometer breiten Zonenbereich vom Vatnajökull bis hinauf zum Axarfjörður und dem westlichen Teil der Halbinsel Melrakkaslétta. Er liegt rund 160 Kilometer weiter östlich als das ursprünglich der Fall war. Im Süden teilte sich, wie bereits erwähnt, die vulkanische Zone in zwei aktive Arme.

In den letzten Jahrzehnten konnten große Fortschritte in den Geowissenschaften erzielt werden, vor allem bei der Erforschung des Mittelatlantischen Rückens, aber auch bei der Erkundung der Störungszonen auf Island, seiner Thermal- und Eisregionen. Gleiches gilt für die Möglichkeiten einer Vorhersage von Vulkanausbrüchen und Erdbeben. Diese Forschungsergebnisse waren nur mit Hilfe der sich immer weiter entwickelnden modernen Technologien zu erreichen. So gibt es für den Ozeanographen heute neue Methoden und Verfahren der Tiefsee-Bohrung. Für die Fernerkundung werden verbesserte Sensorensysteme in Flugzeugen und Satelliten eingesetzt, die z. B. exakte Daten über den Zustand der Erdoberfläche oder deren Bodentemperaturen ermitteln. Infolge seiner einzigartigen geographischen Lage wird Island auch weiterhin zur Lösung wissenschaftlicher Fragen und auch wirtschaftlicher Probleme beitragen können – letzteres vornehmlich auf dem Sektor der Energiegewinnung und Energieverwertung.

51 Einen guten Einblick in das vulkanologische Geschehen bietet diese Geländeaufnahme, die im Bereich des Explosionsgrabens Eldgjá gemacht wurde. Im Bildhintergrund zieht sich der Spaltenriß bis zu den Flanken des 943 Meter hohen Berges Gjátindur hin. Einige kleinere Vulkanschlote in unmittelbarer Nähe der Eldgjá zeugen von einst heftiger vulkanischer Aktivität, die sich auch am Rande der Spalte abspielte.

52 Explosive Linearausbrüche können, wie das Beispiel der Feuerspalte Eldgjá zeigt, zu der Bildung von tiefen, langgezogenen Gräben führen. Das kontrastreiche Luftbild, das am 29.8.1986 mit Blick nach Südwesten aufgenommen wurde, vermittelt einen nahezu vollständigen Überblick über den Verlauf des Explosionsgrabens, der z. T. mit Neuschnee bedeckt ist. Die oberen Hangpartien sind, wie das Bild zeigt, aus meterhohen Wechselschichten basaltischer Wurf- und Schweißschlacken aufgebaut und werden beiderseits von einer kompakten Lavaschicht bedeckt. Im Hintergrund erhebt sich der Mýrdalsjökull.

53 Vom 1076 Meter hohen Hádegishnúkar ist die gesamte 6 Kilometer lange Verwerfung in der Landschaft von Kaldidalur zu überblicken. Der Hauptabbruch, der in etwa die westliche Begrenzung der mitten durch Island gehenden aktiven Vulkanzone bildet, durchquert das Gelände in Südwest-Nordost-Richtung. In der Absenkung sammelt sich das vom Þórisjökull abgeschmolzene Gletscherwasser zu milchig-trüben Seen. Deren Wasser fließen in nordöstlicher Richtung ab und bilden den Fluß Geitá.

54 Die Almannagjá – oder Allmännerschlucht – bei Þingvellir ist ein gutes Beispiel für die Tektonik Islands. Kilometerlange, offene Spalten durchziehen die Lavafelder in Südsüdwest-Nordnordost-Richtung. Die Absenkung der Verwerfung am Þingvellir-Graben hat eine Tiefe von bis zu 70 Metern. Im rechten Bildhintergrund sind die Flanken des 1060 Meter hohen Schildvulkans Skjaldbreiður zu erkennen.

55 Einheitlich ist die Südwest-Nordost-Richtung aller Kraterketten, Bergrücken, Seen und Flußsysteme zwischen den Gletschern Mýrdals- und Vatnajökull, eine Tatsache, die zeigt, wie eng die Verbindung zu der neovulkanischen Zone ist. Die Luftaufnahme vom August 1984 gibt mit Blick nach Osten diese Strukturen wieder. Der subglazial entstandene Bergrücken des Tungnaárfjöll ist im mittleren Feld des Bildes zu sehen. Er besteht überwiegend aus Palagonit und wird von dem 20 Kilometer langen See Langisjór (rechts im Bild) und von den sich weit verzweigenden Flußarmen der Tungnaá eingefaßt (links). Mit 1016 Metern ist der Berg Breiðbakur im mittleren Bildteil die höchste Erhebung in dieser Landschaft. Am Horizont sind die Gletscherzungen Tungnaár- und Skaftárjökull auf der Südwest-Seite des Vatnajökull zu erkennen.

56 Wie stark die Erosionskraft von Wind, Wasser, Schnee und Eis sein kann, wird im Gebiet der Krafla deutlich. Die Erosionsrinnen sind überwiegend der von Süd nach Nord gehenden tektonischen Störungszone angepaßt. Von einer dünnen Schneedecke überzogen, erhebt sich im Hintergrund der Tafelvulkan Bláfjall.

57 Rund 2 Kilometer entfernt vom Hverfjall, einem aus Lockerstoffen aufgebauten Vulkan am See Mývatn, liegt die Spalte Grjótagjá – bekannt durch ihre unterirdischen Badegrotten. Die von Südsüdwest nach Nordnordost ziehende Spalte ist weit aufgerissen; ihre Flanke fällt an vielen Stellen um einige Meter nach Osten hin ab. Vulkanische Aktivität im Jahre 1977 heizte das Wasser in der Grjótagjá so auf, daß die bislang angenehmen Badetemperaturen auf mehr als 60 Grad Celsius anstiegen.

53

54

55 ▶

56 ▶▶

Die Erde bricht auf
Vulkane und Eruptionsspalten

Island ist mit seinen 103000 Quadratkilometern Fläche die größte Vulkaninsel der Erde. Der Bereich, in dem sich der Vulkanismus abspielt, konzentriert sich auf die neovulkanische Zone, die rund 35000 Quadratkilometer, d.h. nahezu ein Drittel des Landes einnimmt. Seit dem Ende der Eiszeit waren hier bis heute schätzungsweise etwa 200 Vulkane tätig, allein 30 während der letzten tausend Jahre. Hinzu kommt – und das ist eine Besonderheit Islands –, daß auf diesem relativ kleinen Raum alle vulkanischen Formen anzutreffen sind, die es auf der Welt gibt: Sie reichen vom Schildvulkan bis zu Eruptionsspalten und Explosionsgräben.

Die Tätigkeit der isländischen Vulkane ist vorwiegend effusiver Natur – sie fördern vor allem Lava an die Erdoberfläche. Seit der Besiedlung der Insel vor etwa elfhundert Jahren erreichte der Ausfluß von Lava ein Ausmaß von ungefähr 40 Kubikkilometern. Für die vergangenen 400 Jahre wird die Förderung auf rund 15 Kubikkilometer geschätzt.
Der Aufbau und die Form eines Vulkans hängen von der Art der Eruption, bzw. des ausgeworfenen Materials ab. So bestimmt vor allem die Viskosität des Magmas den Charakter eines Vulkans und seiner Bauelemente. Untersuchungen haben z.B. gezeigt, daß bei der Förderung von sehr dünnflüssigem Magma die Gase, die in der Schmelze enthalten sind, leicht entweichen können. Dadurch wird die explosive Ausbruchsphase auf einem Minimum gehalten. Fehlen die Lockerstoffe wie Asche und Bomben, so ist die ausgeflossene Lava allein ausschlaggebend für den Aufbauprozeß. Nimmt jedoch die Viskosität des Magmas zu, so treten explosive Gasentbindungen auf, große Mengen von Lockerstoffen werden an die Erdoberfläche gefördert. Sie wechseln sich mit Lava-Ergüssen ab und lassen die gemisch-

ten Vulkane entstehen. Wird die Viskosität noch stärker, so führt dies, begleitet von heftigen Explosionen, zu der Formation von Staukuppen. Aber auch andere Faktoren wirken sich auf die Bildung von Vulkanen aus. So sind die Eigenschaften des Förderkanals oder die Häufigkeit der Ausbrüche ebenfalls von großer Bedeutung.

Generell können Vulkane in die Hauptgruppen der

- Lava- und Schildvulkane
- gemischten oder Stratovulkane
- Locker- und Gasvulkane

eingeteilt werden, auch wenn diese Klassifizierung nicht immer ganz ausreichend sein mag.

Mit dem Begriff Lavavulkane werden alle Typen erfaßt, die sich aus Schichten mehrerer aufeinanderfolgender Lava-Ergüsse aufbauen. Die Laven sind meist basaltisch, gasarm und extrem dünnflüssig, so daß sie selbst bei geringfügigem Gefälle weit ausgedehnte Flächen bedecken können, wie das bei vielen Spalteneruptionen der Fall ist. Fließen die Lavaströme aus einem zentralen Fördergang nach allen Seiten ab, so bilden sie schildartige Formen mit nur leicht geneigten Böschungen von 3 bis 7 Grad. Sie werden daher auch als Schildvulkane bezeichnet. Islands Schildvulkane sind offensichtlich monogenetisch. Dies besagt, daß sie im Verlauf einer einzigen Eruption gebildet wurden. Die Lava ist wahrscheinlich über einen größeren Zeitraum hinweg langsam ausgeflossen. Im ganzen gibt es mehr als drei Dutzend. Typische Vertreter dieser Gruppe sind die Trölladyngja nördlich des Gletschers Vatnajökull, die eine Höhe von 600 Metern im Gelände und einen Durchmesser von mehr als zehn Kilometern an der Basis aufweist; die Kollóttadyngja, deren Laven den Tafelvulkan Herðubreið umschließen und die Ketildyngja, die mit ihren Lavadecken bis hin zum See Mývatn reicht. Aber auch im Südwesten sind Schildvulkane zu finden. Das gilt nicht nur für den Langhóll oder den Sandfellshæd auf der Halbinsel Reykjanes, sondern vor allem für den Skjaldbreiður oder »Breites Schild«, nördlich des Sees Þingvallavatn. Er stellt den Idealtyp eines Schildvulkans dar: seine Basis ist weitausgedehnt und hat einen Durchmesser von 8 bis 10 Kilometern bei einer vergleichsweise nur geringen Höhe von 550 Metern über dem Gelände.

Zu den gemischten Vulkanen sind alle Arten zu zählen, die nicht allein von Lava-Ergüssen, sondern in einer Wechselfolge auch von Lockermaterialien gebildet werden. Sie sind daher gleichermaßen als

Schicht- oder Stratovulkane bekannt. Die einfachste Form ist ein kegelartiger Berg mit einem Krater an der Spitze. Dieser regelmäßig aufgebaute, an einen zentralen Schlot gebundene Stratovulkan ist in Island verhältnismäßig selten vertreten. Eine bedeutendere Rolle spielt der Typus, der Laven gemischt mit Aschen über ein System von

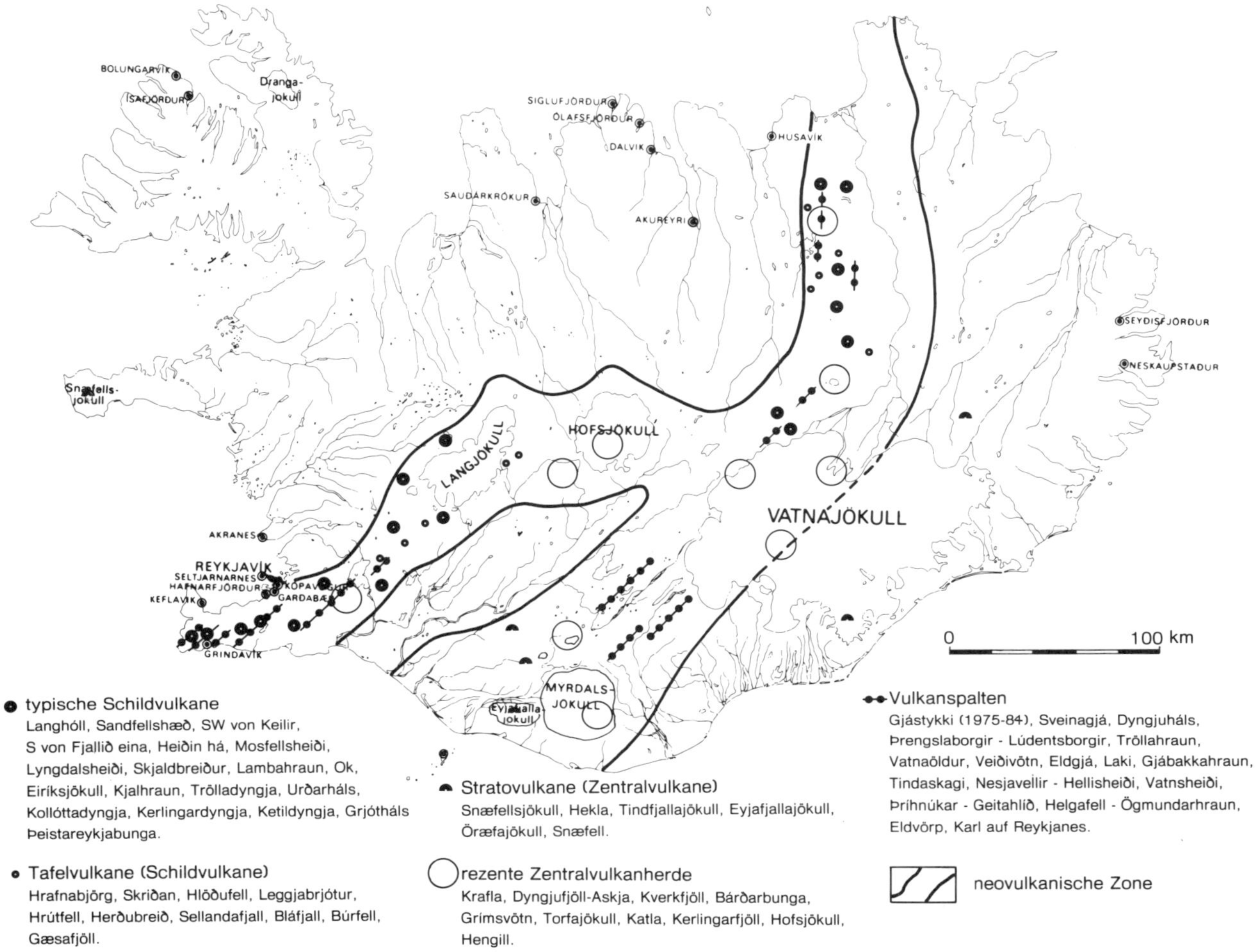

Abb. c: Die wichtigsten Vulkantypen und -Spalten

Spalten auswirft. Er prägt die Landschaft, wie das zum Beispiel bei dem 1446 Meter hohen Snæfellsjökull auf der Halbinsel Snæfellsnes im Westen, dem Eyjafjallajökull mit einer Höhe von 1665 Metern oder dem immer noch sehr tätigen Vulkan Hekla im Süden sowie bei dem Öræfajökull im Süd-Osten der Fall ist.

Lockervulkane werden in der Regel durch Explosivausbrüche gebildet, bei denen allein Lockerprodukte aus den zähflüssigen Magmen ausgestoßen werden. Die Ausmaße eines Stratovulkans erreichen sie nicht. Am häufigsten sind in Island die Aschen-, Schlacken- und Bimssteinkegel anzutreffen; sie liegen verstreut im Bereich der neovulkanischen Zone. Eines der schönsten Beispiele ist der ringförmige Hverfjall nahe des Sees Mývatn, der gelegentlich als Tuff-Vulkan bezeichnet wird. Eine Variante stellen die in Island vielfach vorkommenden Gasvulkane dar, die durch explosionsartige Gasausbrüche entstanden sind. Ihre Krater oder Maare sind des öfteren mit Grundwasser gefüllt. Hier ist besonders der See Grænavatn bei Krísuvík auf der Halbinsel Reykjanes zu nennen. Maarähnliche Explosionskrater sind beispielsweise der Ljótipollur, der Bláhylur oder die Valagjá nur wenige Kilometer entfernt von den Obsidianströmen bei Landmannalaugar im Süden des Landes.

Typisch für Island sind weiterhin die Tafelvulkane, eine Art von Schildvulkanen. Ihrer Entstehung nach sind sie alle – wie z.B. die Herðubreið, das Bláfjall, das Sellandafjall und das Hlöðufell oder der Eiríksjökull und das Hrútafell – auf subglazialen Vulkanismus zurückzuführen. Der Unterbau dieser Tafelvulkane besteht aus Pillow-Laven und Palagonit. Bei dem Durchbruch durch die Eisdecke bildeten sich – wie am Beispiel der Herðubreið deutlich wird – auf der Spitze kleine Schildvulkane, die aus mehreren Lavaschichten bestehen. Andere Ausbrüche sind unter dem Eis steckengeblieben und erstarrt. Die Auswürfe wurden erst sichtbar als die Eismassen im Laufe der Jahrtausende abschmolzen.
Eine besondere Rolle schließlich spielen auf Island die Linearausbrüche, die zu der Bildung von Kraterreihen führen. Sie tragen im allgemeinen den Charakter von Erstausbrüchen und erfolgen an Spalten, die von dem Druck im Magma aufgerissen werden. Eine der schwersten Eruptionen dieser Art war der Laki-Ausbruch – auf Isländisch Lakagígar – im Jahre 1783. Zunächst öffnete sich eine etwa 25 Kilometer lange Spalte. Dann folgten gewaltige Ergüsse von dünnflüssiger Lava sowie heftige Auswürfe von Aschen, die mit giftigen Gasen angereichert waren. Insgesamt wurde eine Fläche von 565 Quadratkilometern mit Lava überflutet. Die Gesamtfördermenge betrug ca. 12 Kubikkilometer, während die Fördermenge von Lockermaterialien auf 3 Kubikkilometer geschätzt wird. Dies ist der größte Ausfluß, der je bei einem Vulkanausbruch auf der Erde beobachtet werden konnte. Erst nach 4½ Monaten erreichte die Tätigkeit des Lakagígar ihren Höhepunkt. Sie richtete ungeheuren Schaden an: Monatelang wurde Island von Wolken giftiger Gase eingehüllt, etwa drei Viertel des Tierbestandes kam um, und eine folgenschwere Hungersnot überschattete das Land. Ähnliche Spalteneruptionen

traten häufig auch in vorgeschichtlicher Zeit auf. Wohl am besten bekannt sind die Ausbrüche der Lúdentsborgir- und Þrengslaborgir-Spalten unweit des Sees Mývatn.
Im Extremfall können Linearausbrüche auch zu der Bildung von Explosionsgräben führen. Typisch hierfür ist die Feuerspalte Eldgjá im Südteil. Sie zieht sich in Südwest-Nordost Richtung durch das Gelände und kann, mit einigen Unterbrechungen, auf einer Länge von ca. 30 Kilometern vom Berg Uxatindur bis zum Gletscher Mýrdalsjökull verfolgt werden. Besonders eindrucksvoll ist die Feuerspalte im Bereich des Berges Gjátindur, wo sie über eine Strecke von 6 Kilometern hinweg 140 Meter tief und 600 Meter breit ist. Anhand der geschichtlichen Überlieferung kann davon ausgegangen werden, daß es in der Zeit von 930 bis 950 n. Chr., als die Wikinger Island einnahmen, zu einer größeren Eruption kam. Riesige Lavamengen flossen damals zu den Küstenregionen Meðalland und Landbrot im Süden. Sie folgten damit etwa der gleichen Richtung wie 800 Jahre später die Laki-Lavaströme.

Vor allem vier vulkanische Ereignisse der letzten Zeit hatten weitreichende und zum Teil tragische Folgen für die Bevölkerung und die Wirtschaft des Landes. Es handelt sich um die Entstehung der Vulkaninsel Surtsey, die Eruptionen auf der Insel Heimaey, die zu der Bildung des Vulkans Eldfell führten, die Ausbrüche der Hekla und der Leirhnjúkur-Spalte in der Nähe des Berges Krafla.
Die Ausbrüche, die die Vulkaninsel Surtsey entstehen ließen, waren ein Ereignis, wie es in dieser Art nur selten zu beobachten ist. Sie kamen völlig überraschend, denn es gab weder außergewöhnliche, vorherige Anzeichen noch ließen die Aufzeichnungen der Seismographen in Reykjavík eine so folgenschwere Entwicklung erwarten. Vermutlich ist der Eruptionsprozeß nur sehr langsam in dem rund 130 Meter tiefen Meer angelaufen, ehe es möglich war, am 14. November 1963 die Ausbruchstelle rund 22 Kilometer südwestlich der Insel Heimaey zu identifizieren. Schwarze Dampf- und Aschesäulen stiegen aus dem Meer, Gesteinsbrocken wurden zusammen mit Asche und Bomben in die Luft geschleudert. Bereits nach drei Stunden erreichte die Eruptionswolke eine Höhe von 4 Kilometern. Am folgenden Tag entstand die Insel, die sich so rasch aufbaute, daß sie Ende Dezember 1963 bereits 145 Meter aus dem Meer aufragte. Charakteristisch für die ersten Monate war der Ausstoß von Thephrawolken, gemischt mit riesigen Wasserdampffontänen und Lavabomben, der jeweils mit

unterschiedlicher Heftigkeit auftrat. Diese explosive Phase endete in den ersten Apriltagen des Jahres 1964. Am 4. April setzte dann zum ersten Mal der Ausfluß von stark basaltischer Lava mit hohen Temperaturen ein. Er erfolgte in mehreren Stadien und hielt mit wechselnder Stärke bis zum 5. Juni 1967 an. Die vulkanische Tätigkeit umfaßte somit insgesamt einen Zeitraum von rund 4½ Jahren. Seither bedeckt Surtsey eine Fläche von 2,45 Quadratkilometern. Seine Höhe beträgt 170 Meter über dem Meeresspiegel. Im Mai 1965 wurde Surtsey zum Schutzgebiet erklärt, ein wichtiger Schritt, der es möglich machte, die Entstehung von Ökosystemen von Anfang an zu beobachten und wissenschaftlich zu untersuchen.
Zwei weitere Ereignisse traten in unmittelbarer Nähe von Surtsey ein. Am 23. Mai 1965 entstand etwa 600 Meter nordöstlich die Insel Syrtlingur; ihre maximale Ausdehnung betrug 650 Meter, ihre Höhe 70 Meter. Mehrfach wurde sie vom Meer abgetragen, bis sie im Herbst 1965 endgültig verschwand. Die Insel Jólnir, die Weihnachtsinsel, entstand am 28. Dezember 1965 südwestlich von Surtsey. Im Laufe einer zehnmonatigen vulkanischen Tätigkeit wurde sie fünfmal vom Meer fortgespült und versank schließlich im Oktober des Jahres 1966

Vulkanologisch gesehen galt die Westmännerinsel Heimaey als »tot«. Die letzte Eruption war die des Helgafell vor rund 5000 Jahren. Um so überraschender kam der schwere Ausbruch vom 23. Januar 1973 im östlichen Teil der Insel. Nach vorausgegangenen schwachen Erdbeben riß schlagartig eine ca. 1800 Meter lange von Südsüdwest nach Nordnordost verlaufende Spalte auf, an mindestens 40 Stellen schossen Lavafontänen, gemischt mit Asche und Bomben, aus dem Boden. Die Entwicklung ging so schnell vor sich, daß bereits nach zwei Stunden die über 1000 Grad Celsius heiße Lava pausenlos aus einer nunmehr drei Kilometer langen Feuerspalte gefördert wurde. Die Eruptionswolke stieg bis zu einer Höhe von 9 Kilometern auf. Heiße Aschen, glühende Lavaströme, Dämpfe und Lavabomben bedeckten zunächst die Außenbereiche der Stadt Vestmannaeyjar. Die 5273 Einwohner wurden innerhalb von 9 Stunden über eine Luft- und Seebrücke in Sicherheit gebracht. Nur 150 Mann einer kleinen Spezialtruppe blieben zurück, um gegen die Gewalt des neu entstandenen Vulkans Eldfell anzukämpfen. Immer wieder mußten die Dächer von der Last der Asche befreit, Fenster und Türen gegen die Lavabomben mit Wellblech vernagelt und Aschedämme gegen die herannahenden Lavaströme errichtet werden. Im Laufe der ersten Ausbruchswoche

konnten ein großer Teil der Haushaltsgüter, 800 Autos, der gesamte Tierbestand und wichtige Einrichtungen der Fischverarbeitungsanlagen auf der Insel gerettet werden. Gegen Ende Januar betrug die Höhe des sich auf eine Stelle konzentrierenden Vulkans 180 Meter.
Anfang Februar 1973 wurden öffentliche Einrichtungen wie Stromkabel und Wasserversorgung vernichtet. Der nordwestliche Kraterrand des Vulkans geriet unerwartet in Bewegung und ca. 20 Millionen Tonnen Lava und Lockermaterialien wurden 600 Meter weit in Richtung zum Hafen transportiert. Am 22. und 23. März 1973 folgte dann der schwerste Angriff auf die Stadt. Über 60 Häuser wurden vernichtet. Nachdem die aufgeschütteten Dämme nicht mehr standhalten konnten, wurde die Lava über ein schnell verlegtes Rohrsystem unablässig mit Meerwasser bespritzt und abgekühlt. Im Hafenbereich, der eigentlichen Lebensader der Stadt, wurde das Pumpschiff Sandey mit Hochleistungspumpen gegen die vordringenden Lavamassen eingesetzt. Erstmalig gelang es auf diese Weise, Lavaströme mit 900 Liter Meerwasser pro Sekunde abzukühlen und zu bändigen. Die verschlackte Lavafront diente dann als Barriere für die nachfolgenden Lavaströme. Nach fünf Monaten hörte im Juni 1973 die Lava auf zu fließen. Übrig blieben eine verwüstete Insel, eine teilweise verschüttete Stadt und der noch lange dampfende, 250 Meter hohe Feuerberg oder Eldfell. Insgesamt wurden 380 Häuser, das ist ein Viertel der Stadt, von der Lava niedergewalzt und begraben, die restlichen Häuser lagen unter einer bis zu 12 Meter hohen Ascheschicht. Die Insel selbst vergrößerte sich um ein Drittel.
Mitte Juli 1973 wurde systematisch damit begonnen, die Stadt wieder auszugraben. Nach und nach kehrten die Einwohner zurück, so daß heute wieder etwa 5500 Menschen auf Heimaey leben. Die Katastrophe brachte ein Gutes: eine durch die nun vorgelagerten Lavaströme stärker gesicherte und vor der Brandung geschützte Hafeneinfahrt. Auch ist seither der Stadt die Möglichkeit gegeben, mit Hilfe eines neuen, zentralen Heißwassersystems Wärme aus der noch flüssigen Lava des Eldfell zu gewinnen. Die mächtigen Lavadecken werden mit Wasser besprüht, das als Dampf wieder an die Oberfläche tritt. Dieser wird dann zur Erwärmung des Wassers in der Heizanlage benutzt. Mit Hilfe dieses einzigartigen Verfahrens konnten bereits erhebliche Mengen teuren Importöls eingespart werden.
Die 1491 Meter hohe Hekla, die rund 53 Kilometer von der Südküste entfernt liegt, dürfte wohl der bekannteste isländische Vulkan sein. Im Laufe der Zeit – ihr Alter wird auf 7000 Jahre datiert – hat sich die Hekla

entlang einer Spalte von rund 8 Kilometern aus Lavagüssen und Aschelagen aufgebaut. Ihre Ausbrüche unterliegen einem bestimmten Rhythmus. Phasen aktiver Eruptionstätigkeit, die durchschnittlich 1100 Jahre anhalten, werden von Ruhepausen abgelöst, die sich über einige hundert Jahre hinziehen können. In der Regel beginnt ein neuer Eruptionszyklus mit einem Initialausbruch, der mit heftigen Auswürfen rhyolithischer Asche einsetzt. Die Ascheablagerungen erscheinen heute als helle Streifen im Gelände. Mit Hilfe der Radiokarbon- oder C^{14}-Methode, die für die radiometrische Altersbestimmung von organischen Stoffen angewandt wird, war es möglich, die Aschelagen der Hekla in fünf größeren Altersgruppen zusammenzufassen. So beginnt die Gruppe H_1 vor 1500 Jahren und reicht bis in die Gegenwart, die Gruppe H_2 umfaßt den Zeitraum von vor 1500 bis vor 2000 Jahren. H_3 setzte vor 2800 Jahren ein, H_4 umreißt die Spanne von vor 4000 bis vor 4500 Jahren. Die Gruppe H_5 schließlich erstreckt sich über die Zeit von vor 6600 bis 7100 Jahren.
Seit Bestehen der Hekla sind mehr als hundert Vulkanausbrüche erfolgt, darunter siebzehn schwere Eruptionen seit der Landeinnahme durch die Wikinger. Ein anschauliches Bild von der Tätigkeit dieses Vulkans vermittelt die relativ dichte Aufeinanderfolge der Eruptionen, die in den jüngsten Zeitabschnitt H_1 fallen. Die Daten lauten: 1104, 1158, 1206, 1222, 1300, 1341, 1389, 1510, 1597, 1636, 1693, 1766, 1845, 1947, 1970, 1980–81, 1991.

Einer der schwersten Hekla-Ausbrüche der letzten Zeit begann am 29. März 1947 ohne jede Vorankündigung. Nur wenige Minuten nach einem schwachen Erdbeben schoß eine Aschenwolke bis zu 30 Kilometer in die Höhe. Weite Flächen südlich des Vulkans wurden zentimeterhoch mit Asche bedeckt, acht Krater förderten Laven, die insgesamt ein Gelände von 40 Quadratkilometern überfluteten. Dreizehn Monate hielt dieser Ausbruch an.

Am 5. Mai 1970 begann – ebenfalls unerwartet – eine neue Eruption. Sie wurde beinahe zum Verhängnis für die wirtschaftliche Entwicklung des Landes, da die Lavaströme direkt auf das kurz zuvor in der Nähe des Berges Búrfell errichtete Wasserkraftwerk zuflossen. Nur wenige Kilometer vor dem Reservoir der Anlagen stoppten sie. Die aus der Hekla geschleuderte Asche war stark fluorhaltig, so daß mehr als 7000 Schafe durch Vergiftung umkamen. Der Ausbruch selbst dauerte zwei Monate.

Gewaltige Aschenwolken und Lavaströme leiteten – wiederum überraschend – die sechzehnte Vulkanaktivität ein, die vom 17. bis 20. August 1980 und vom 9. bis 16. April 1981 andauerte. Der erste Lavaausfluß bedeckte eine Fläche von 22 Quadratkilometern innerhalb von 24 Stunden, während der zweite ein Gelände von 6 Quadratkilometern überflutete.
Der vorerst letzte unerwartete Ausbruch begann am 17. Januar 1991, endete aber bereits am 11. März 1991. Insgesamt wurden 23 Quadratkilometer mit überwiegend andesitischer Lava bedeckt. Das Gesamtvolumen der Lavamassen wird auf ca. 0,15 Kubikkilometer geschätzt. Auffallend ist, daß es sich bei diesem Ausbruch um den dritten innerhalb von 20 Jahren handelt, denn im allgemeinen treten seit dem Jahr 1104 die Eruptionen an der Hekla nahezu regelmäßig in Abständen von 55 Jahren auf.

Eines der aktivsten Gebiete der isländischen neo-vulkanischen Zone liegt an dem Berg Krafla in der Nähe des Sees Mývatn. Die Leirhnjúkur-Spalte riß zweimal in geschichtlicher Zeit auf und zerstörte weite Landschaftsbereiche. Der erste Ausbruch, der in Island als Mývatnseldar oder Mückenseefeuer bekannt ist, setzte am 17. Mai 1724 mit einer Explosion und zahlreichen Erdbeben ein. In mindestens vier aufeinanderfolgenden Phasen mit laufend neuen Spaltenrissen und sehr heftigen Eruptionen wurden bis zum Januar 1729 große Lavamengen gefördert, die u. a. mehrere Gehöfte in der Nähe des Sees Mývatn vernichteten. Im Jahre 1746 wurde die Spalte noch einmal tätig. Es dauerte knapp 250 Jahre, bis im Jahre 1975 mit einem kleinen Ausbruch im Gebiet der Leirhnjúkur-Spalte eine neue Welle von Eruptionen und Krustenbewegungen eingeleitet wurde. Bei geringfügiger Lavaförderung war sie von heftigen Beben begleitet.
Mit Hilfe moderner wissenschaftlicher Methoden kann heute in diesem Abschnitt des Mittel-Atlantischen Rückens der Prozeß des Driftens beobachtet werden. Auch Ausbrüche lassen sich nahezu exakt vorhersagen. Dies ist auch insofern von großer Bedeutung als nur ein bis zwei Kilometer vom südlichen Ende der Spalte entfernt ein in den Jahren 1975/76 fertiggestelltes geothermisches Dampfkraftwerk steht. Es ist eines der umstrittensten Projekte des Landes, das jedoch von den neun, in bestimmten Phasen auftretenden Spalteneruptionen der jüngsten Zeit bislang verschont blieb. Der zeitliche Ablauf und das Ausmaß der jeweils von den Lavaströmen überfluteten Flächen zeigen aber wie gefährdet dieses Gebiet ist:

Eruptionsdaten	Lavadecken
20. 12. 1975	0,036 km²
27. 4. 1977	0,001 km²
8. 9. 1977	0,500 km²
16. 3. 1980	1,300 km²
10.–18. 7. 1980	5,300 km²
18.–24. 10. 1980	11,500 km²
30. 1.– 4. 2. 1981	6,300 km²
16.–23. 11. 1981	17,000 km²
4.–18. 9. 1984	24,000 km²

Wie auch die laufenden Messungen zeigen, werden gerade hier im nördlichen Bereich der neovulkanischen Zone alle Spaltenausbrüche von starken tektonischen Bewegungen begleitet. Sie verursachen Absenkungen oder Erhebungen, zahlreiche Spalten brechen zu beiden Seiten der Hauptförderspalte auf. Die Frage nach der Rentabilität des mit hohen Kosten erbauten geothermalen Kraftwerks bleibt daher auch weiterhin offen.

58 Auf dieser senkrechten Luftaufnahme in Falschfarbe sind mehrere vulkanologisch interessante Vorgänge östlich des Sees Mývatn zu beobachten. Am unteren Bildrand erscheint die 490 Meter hohe Hraunbunga-Kuppe mit ihren erstarrten, einst zähflüssigen Lavaströmen. Die Laven sind etwas jünger als der runde, aus Lockerstoffen aufgebaute, ca. 9000 Jahre alte Krater Lúdent. Parallel zu der rechten Bildseite verlaufen die Kraterketten des Lúdents- und Þrengslaborgir in nahezu exakter Süd-Nord Richtung. Sie bilden eine Folge von unregelmäßig geformten Schweißschlackenkegeln, schachtartigen Eruptionsschloten, von Lava-Seen und deren Abflußrinnen. In den bis zu 5 Metern tiefen Rinnen wachsen in windgeschützten Positionen Krüppelbirken, -weiden und Moose. Diese relativ dichte Vegetationsdecke ist an dem einheitlich dunkleren Rot zu erkennen, während die spärlich bewachsenen Gebiete einen helleren, rötlichen Farbton aufweisen. Entlang der linken Bildseite schließlich verlaufen Lavaströme, die den Namen Búrfellshraun erhielten.

59 Im Gebiet des Sees Mývatn bildeten sich in prähistorischer Zeit, vor ca. 2000 Jahren, die Eruptionsspalten des Lúdents- und des Þrengslaborgir. Unzählige Einzelkrater entstanden an einem 8 Kilometer langen Erdriß. Die 20 bis 50 Meter hohen Kraterränder, aufgebaut aus lockeren, scharfkantigen Wurfschlacken, umschließen die Förderstellen, die auf dem Bild als dunkle, kreisrunde Löcher zu erkennen sind. Die Laven sind mit einer dünnen Moosdecke überzogen. Im rechten Bildteil zieht sich ein von Schafen getrampelter Pfad durch die bizarre Vulkanlandschaft.

60 Der Hverfjall, nahe am Ostufer des Mývatn gelegen, ist der Prototyp eines von Lockermaterialien aufgebauten Vulkans. Er erhebt sich mit 150 Metern aus dem Gelände. Explosionsartige Auswürfe von dunkelgrauen Basaltbruchstücken bildeten vor ca. 2500 Jahren während einer einzigen Ausbruchsphase den Krater mit einem Basisdurchmesser von 1200 Metern und einer Tiefe von 140 Metern. Im Inneren ist der Krater ohne Wasser und ohne Vegetation.

61 Der Sprengkrater Ljótipollur in der Gegend von Landmannalaugar gehört zu einer über 50 Kilometer langen Südwest-Nordost gerichteten Vulkanreihe. Dieser 1,5 Kilometer große, heute mit Wasser gefüllte Krater entstand, als sich die Ljótipollur-Spalte bis in das wasserreiche Gebiet des Flusses Tungnaá hinein ausdehnte. Dadurch wurde die vulkanische Tätigkeit der Spalte stark explosiv.

62 Diese Aufnahme entstand im Bereich der Leirhnjúkur-Spalte sechs Monate nach einem Ausbruch im Jahre 1975. Aus mehreren kleinen, Süd-Nord gerichteten Eruptionsstellen flossen dunkle Laven über die mit Moosen bewachsenen älteren Ströme des Jahres 1729. Heiße Dämpfe zeigen die Austrittstellen neuer Lava an.

63 Einblick in einen tektonisch und vulkanologisch aktuellen Vorgang vermittelt das Luftbildmosaik, das im isländischen Winter, am 22. Oktober 1980, im Gebiet der Krafla gemacht wurde. Bekannt ist das verheerende Mývatn-Feuer des Jahres 1724. Aber auch in diesem Jahrhundert wurde das Gebiet wieder mehrere Male heimgesucht. Seit 1975 erfolgten Vulkanausbrüche und starke tektonische Bewegungen in nahezu regelmäßigen Abständen. Für das geothermische Kraftwerk an der Krafla, das knapp außerhalb des linken Bildrandes liegt, besteht damit ständig Gefahr. Die Luftbilder wurden kurz nach einem Spaltenausbruch aus einer Höhe von 5600 Metern aufgenommen und zeigen eine kilometerlange Eruptionsspalte, aus der Lava ausgeflossen ist. Die Lavamassen heben sich in schwarzer Farbe deutlich von der weißen Winterlandschaft ab. Eine große Zahl langgestreckter Spalten begleitet im rechten Bildteil die Hauptförderspalte in Parallelabständen von nur wenigen Metern. Über die mittleren Partien des Mosaiks zieht eine Dampfwolke, die aus einer kleineren Austrittstelle in der schwarzen Lava aufsteigt.

64 Die Luftaufnahme wurde während eines Ausbruchs an der Leirhnjúkur-Spalte im November 1981 aufgenommen. Sie zeigt im Hintergrund Auswürfe von fast 1200 Grad Celsius heißer Lava aus einer von Süden nach Norden gerichteten Spalte. Im Vordergrund sind die einzelnen glühenden Schübe der Lavaströme in der schneebedeckten Landschaft zu erkennen.

65 Die Askja-Caldera ist ein ca. 50 Quadratkilometer großes Gebiet in dem pleistozänen Vulkanmassiv des Dyngjufjöll. Im Jahre 1875 war hier der Explosionskrater Víti – im rechten Vordergrund – während der Eruptionen der Askja tätig. Große Mengen Lava ergossen sich in unterirdische Spalten nördlich der Caldera, gewaltige Bimssteinmengen wurden aus einem Krater auf dem Boden des späteren Öskjuvatn geschleudert. Danach sank der südöstliche Teil der Caldera ein, der 170 Meter tiefe Öskjuvatn wurde gebildet. Seine Ausdehnung beträgt 3 mal 4 Kilometer. Der Schildvulkan Trölladyngja wird im Bildhintergrund sichtbar.

66, 67 Beide Luftbilder zeigen die Vulkaninsel Surtsey. Die obere Aufnahme wurde kurz nach dem plötzlichen submarinen Ausbruch vom 14. November 1963 gemacht. Bis zu mehreren Kilometern stiegen damals die Aschewolken auf. Nach 5 Monaten, ab April 1964, setzten die ersten Lavaergüsse ein. Auf der Aufnahme unten ist der Kratersee Surtur I zu erkennen, aus dem die glühendheiße, flüssige Lava viele Meter hoch ausgeworfen wird.

68 Diese beiden zusammengesetzten Senkrecht-Luftaufnahmen von der Insel Surtsey entstanden im Sommer 1973. Kurz nach dem Vulkanausbruch 10 Jahre zuvor war die Insel zum Schutzgebiet erklärt worden, um die Möglichkeit zu schaffen, wissenschaftliche Untersuchungen, unter anderem an Ökosystemen, durchzuführen. Im zentralen Bildteil erscheinen die beiden Krater Surtur I und II. Sie werden ringförmig von hellen Ausblühungen und Aschen umrahmt. Auf der unteren Bildseite sind weit ausgedehnte Lavaströme mit einzelnen Lavarinnen zu erkennen. Die kleine Schutzhütte nördlich vom Aschekegel des Kraters Surtur I dient den Wissenschaftlern als Unterkunft und Arbeitsplatz.

69 Typische Pseudokrater sind südlich des Berges Vindbelgjarfjall und bei der Ortschaft Skútustaðir am See Mývatn zu finden. Die jüngeren Laxá-Laven flossen hier vor ca. 2000 Jahren über einen relativ wasserreichen Untergrund. Dies hatte zur Folge, daß es zu sekundär explosiver Tätigkeit kam. Über den Explosionsstellen vermischten sich die ablagernden Lavapartikelchen mit hellen Kieselgurteilchen und bildeten kraterähnliche Pseudoformen. Die Aufnahme wurde vom Gipfel des Vindbelgjarfjall gemacht.

70 Einer der markantesten Berge Islands ist der 1682 Meter hohe Tafelvulkan Herðubreið im östlichen Zentralgebiet. Er hat sich während der letzten Eiszeit unter dem Eispaket gebildet; sein 150 Meter hoher Schlackenkegel entstand aber erst in der Endphase, d.h. nach dem Durchbruch durch das Eis. Mit einem Höhenunterschied von mehr als 1000 Metern überragt die Herðubreið ausgedehnte Lavawüsten des Inlands.

71 Der 1460 Meter über dem Meeresspiegel gelegene Schildvulkan Trölladyngja erhebt sich mit lediglich 500 Metern aus dem Gelände; mit seinen 3 bis 6 Grad abfallenden Flanken erreicht er aber an der Basis einen Durchmesser von 10 Kilometern. Der Schlackenkegel im Vordergrund baut sich aus Lava auf, die aus einem kleinen Spaltenriß geschleudert wurde; seine Höhe beträgt 5 Meter, im Inneren ist er hohl.

72 Dieses Schräg-Luftbild der Insel Heimaey wurde kurz nach dem Einsetzen des Spaltenausbruchs vom 23. 1. 1973 aufgenommen. Dunkle, schwarze Aschewolken schießen mehrere Kilometer hoch in die Luft. Unablässig ziehen – ausgelöst durch den Kontakt der Lavaströme mit Meerwasser – helle Dampfwolken dicht über den Ostteil der Insel.

73 Für die Einwohner der Stadt Vestmannaeyjar kamen das Aufbrechen einer ca. 3 Kilometer langen Spalte und die gleichzeitig einsetzenden Lavaauswürfe völlig unerwartet. Innerhalb von fünf Monaten bildete sich der heute ca. 250 Meter hohe Vulkan Eldfell oder Feuerberg. Teile der Stadt wurden in mehreren, verheerenden Schüben von glühender Lava vernichtet oder von meterhohen Aschelagen zugedeckt. Im Hintergrund ist der sich langsam abkühlende Lavastrom zu erkennen, der die Hafeneinfahrt abzuriegeln drohte, was durch den Einsatz von Mensch und Technik verhindert werden konnte.

74, 75 Im Juni 1973 hörten die Ausflüsse glühender Lava und die Ascheauswürfe des Eldfel auf. Nur noch Wasserdampf und giftige Gaswolken quollen aus seinem Krater. Auch diese beiden Bilder zeigen die in weiten Teilen unter einer Aschedecke begrabene Stadt Vestmannaeyjar. Im Hintergrund der Aufnahme 75 ist der etwa 5000 Jahre alte und für »tot« erklärte Vulkan Helgafell zu erkennen.

76 Während der Ausbruchsphase des Eldfell wurden auch weite Bereiche des Helgafell (im Vordergrund) mit einer mehrere Zentimeter dicken Ascheschicht bedeckt. Im Hintergrund erscheint der steile Böschungskegel des neu entstandenen Vulkans Eldfell. Heiße Dämpfe quellen an vielen Stellen hervor, die zum Teil dadurch entstanden, daß die Lavaflächen bei den Rettungsaktionen mit Meerwasser abgekühlt wurden.

77 Nach dem Abklingen des Ausflusses von glühender Lava steigen beißende, heiße Dämpfe auf. Während der Abkühlung bilden sich auf der dunkler Lava und den schwarzen Aschelagen dünne farbenprächtige, gelbbraune bis weiße Mineralbeläge, auch Ausblühungen genannt.

60

61

◀ 59

62

63

64

65 ▶

66

67

68 ▶

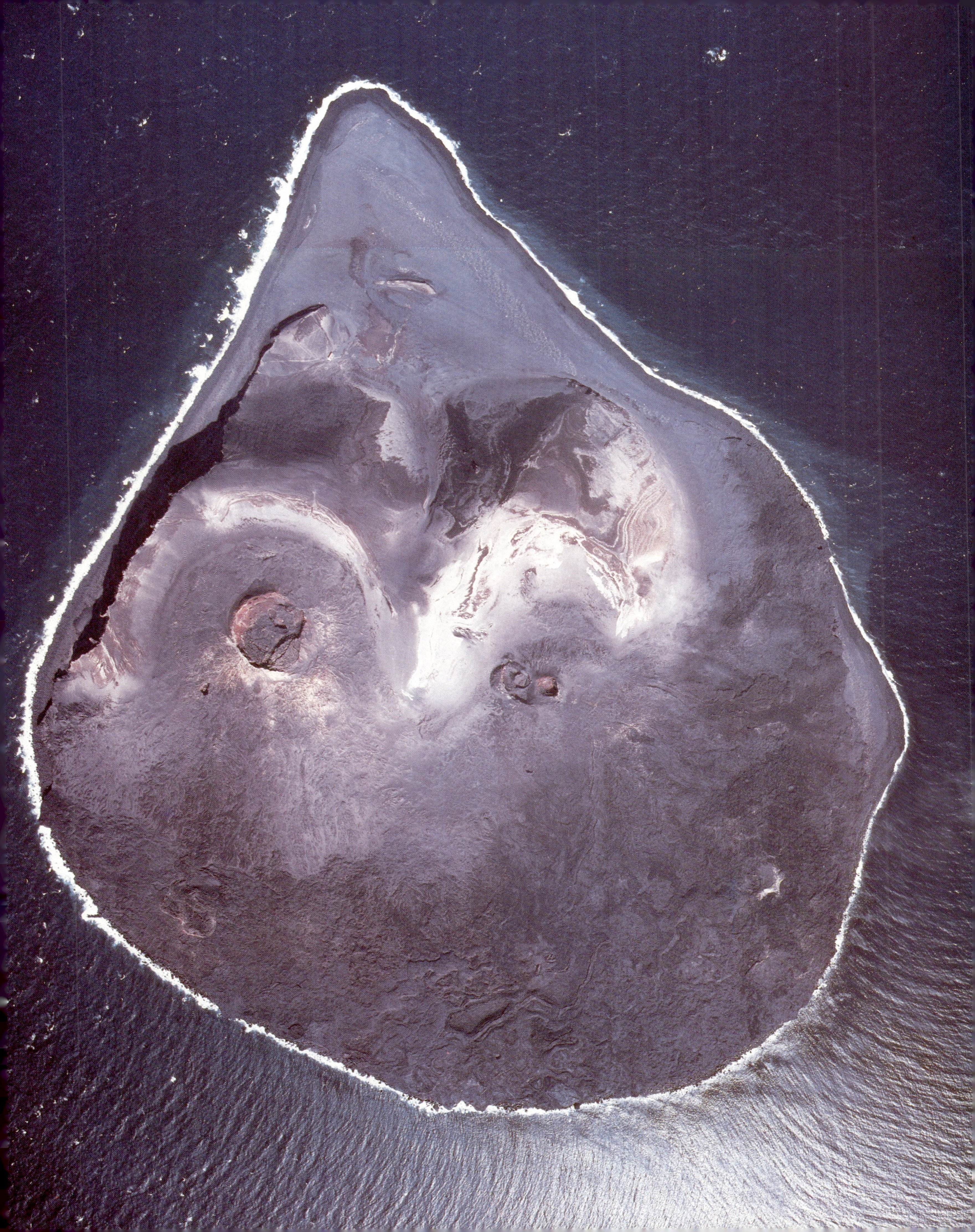

70

◄ 69

71

72 ►

74

◀ 73

75

76

77

79

80

◀ 78

81

82

83

84

85

86

78, 79 Beide Luftaufnahmen wurden aus verschiedenen Flughöhen gemacht und zeigen sehr anschaulich die Formenvielfalt der rauhen Blocklava – in Island apalhraun genannt. Die Laven sind mit einer ca. 50 Zentimeter dicken Moosschicht überzogen. Diese Svínahraunsbruni flossen in historischer Zeit aus einem der Eldborg-Krater. Ihre bogenförmigen Fließstrukturen weisen darauf hin, daß ursprünglich die Fließgeschwindigkeit in der Mitte der Lavaströme größer als an den Rändern war. Diese Formen, auch Ogiven genannt, sind gerade auf Luftbildern besonders gut zu erkennen. Im Hintergrund der Aufnahme 79 zieht die neue asphaltierte Straße von Reykjavík nach Hveragerði.

80 Die im Jahre 1783 aus den Laki-Kratern ausfließenden Lavaströme bedeckten im Süden des Landes innerhalb von acht Monaten eine Fläche von 565 Quadratkilometern. Die Eruption richtete die wohl größten Verwüstungen in der Geschichte Islands an. Der Lavastrom Skaftáreidahraun ist jetzt mit dicken graugrünen Moospolstern überzogen.

81 Ein Blick vom Berg Bláhnúkur in das Tal von Landmannalaugar zeigt die vormals zähflüssigen, kieselsäurereichen Obsidian-Lavaströme postglazialen Alters.

82 Große Teile Islands wurden während des Askja-Ausbruchs im Jahre 1875 mit Bims und Asche bedeckt. Die Aufnahme vom Kraterrand des Dyngjufjöll-Massivs zeigt in nordöstlicher Richtung flächenhaft weit ausgedehnte Aschebedeckungen. Außerdem ist ein Teil des 9,2 Kilometer langen Lavastroms aus dem Jahre 1961 zu erkennen, der rund 11 Quadratkilometer Land bedeckt.

83 Die Ódáðahraun umgibt im Norden das Vulkanmassiv des Dyngjufjöll und die Askja. Weite Bereiche dieser großen, kahlen Lavawüste bestehen aus Stricklavafeldern. Im Bild sind zum Teil leicht verkippte oder auseinandergebrochene Lavaschollen zu sehen.

84 Nur wenige Meter neben einer Ausbruchstelle im Krafla-Gebiet am Mývatn befindet sich dieser ungefähr 3–4 Meter dicke und an der Oberfläche schön strukturierte Lavastrom.

85, 86 Beide Aufnahmen wurden neben einem Krater des Askja-Ausbruchs des Jahres 1961 gemacht. Sie zeigen deutlich die verschiedenen Formen von Strick- oder Seillava.

Begegnung mit der Eiszeit

Gletscher und Moränen

Zahlreich sind die Spuren, die von den letzten Eiszeiten auf Island hinterlassen wurden und heute noch sichtbar sind. Zeugen ihrer Tätigkeit sind die gewaltigen Gletschertäler im Nordwesten, Norden und Osten, deren Basaltlagen zum Teil glattgeschliffen sind oder Gletscherschrammen aufweisen. Aber auch die Vorkommen von Moränenzügen und anderer glazialer Landschaftsformen, die tief eingeschnittenen Betten der Gletscherzungen und die weit ausgedehnten Geröllflächen der Sander vermitteln einen Eindruck von der enormen Erosionskraft der Gletscher in der Vergangenheit und in der Gegenwart.
Während der Epoche des Pleistozäns unterlag Island wiederholt einem Klimawechsel, der sich jeweils auf die Eisbildung auswirkte. Denn bei wärmeren Temperaturen ziehen sich die Gletscher zurück, sie schmelzen in den tiefer gelegenen Regionen ab; bei kühleren Temperaturen und häufigem Niederschlag dehnen sie sich aus, da die Abschmelzraten im Zehrgebiet geringer werden. Perioden der Vergletscherung und Zeiten wärmeren Klimas, die Zwischeneiszeiten, lösten einander immer wieder ab. So wurde das Land mindestens zehnmal von Eis überzogen. Vor allem die Endmoränenwälle machen es heute möglich, die verschiedenen Stadien dieser Entwicklung zu verfolgen und das Geschehen zu rekonstruieren.
Ausschlaggebend für die Prägung der isländischen Landschaft war vor allem die letzte Eiszeit, die vor ca. 70000 Jahren begann. Die ganze Insel wurde von Gletschereis bedeckt. Infolge einer leichten Klimaerwärmung zogen sich dann die Eismassen langsam soweit zurück, daß vor etwa 15000 Jahren Eis nur noch im Landesinneren zu finden war. Es folgte eine Klimaverschlechterung, mit der wieder gewaltige Gletschervorschübe einsetzten. Diese Eisdecken erhielten die Bezeichnung Álftanesjökull – nach Moränenzügen, die auf der Halbinsel Álftanes in der Nähe von Reykjavík gefunden wurden. Sie erreichten vor ca. 12000 Jahren ihre maximale Ausdehnung, zogen sich aber im Laufe des folgenden Jahrhunderts wieder zurück. Vor

11000 bis 10000 Jahren kam es vor allem im Südwesten erneut zu Gletschervorstößen, die beachtliche Ablagerungen von Moränenschutt hinterließen. Die Eisbereiche dieses Stadiums werden Búðajökull genannt. Das Ende der letzten Eiszeit, das vor rund 10000 Jahren eintrat, brachte wiederum ein leichtes Ansteigen der Temperaturen. Dies bedeutete für Island, daß etwa 2000 Jahre später das Eis fast völlig verschwand. Nur einige Reste blieben liegen wie z.B. auf dem heute 2119 Meter hohen Hvannadalshnúkur am südlichen Rand des Vatnajökull – Islands höchster Erhebung.

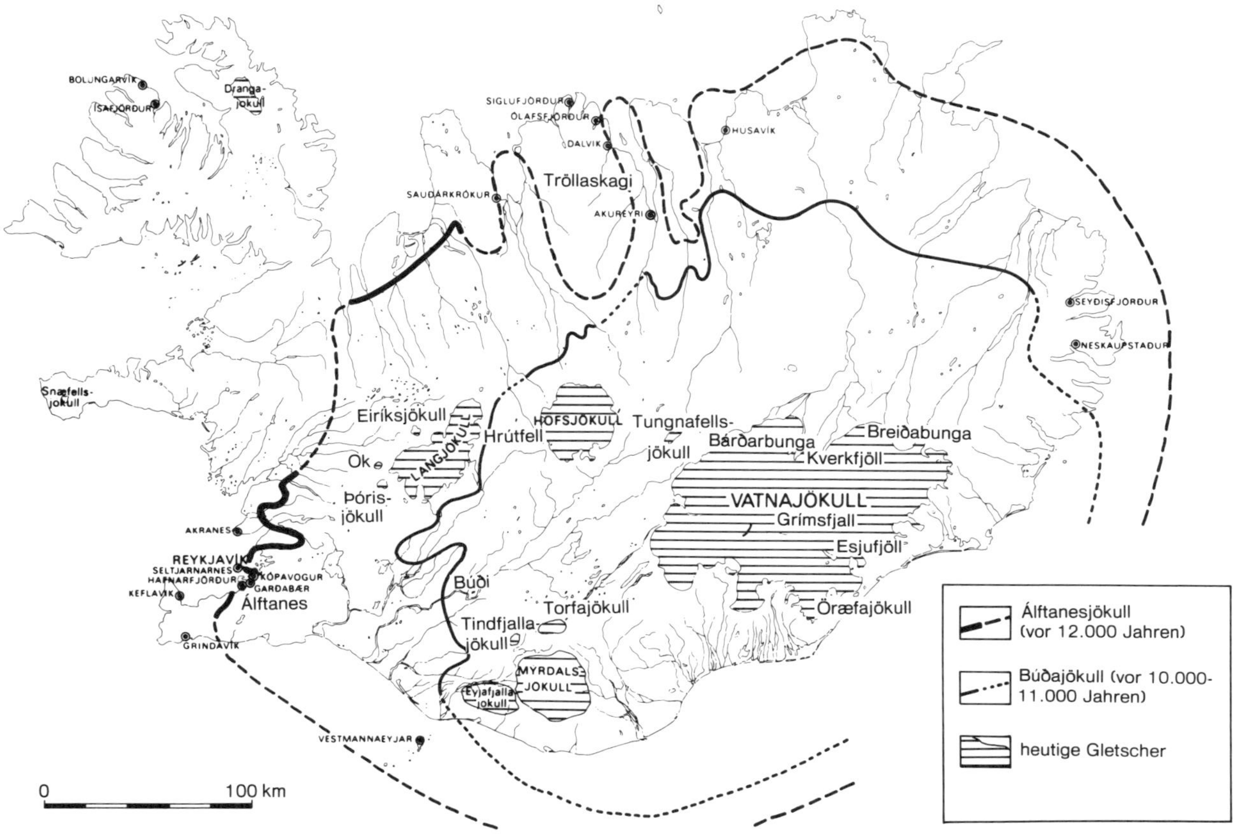

Abb. d: Lage der Gletscher einst und jetzt

Auch palaeobotanische Untersuchungen haben bestätigt, daß die Temperaturen in der Zeitspanne von vor 8000 bis 2500 Jahren durchschnittlich um 2 Grad Celsius höher lagen als das heute der Fall ist. Die Folge war, daß in dieser ursprünglich rein glazialen Landschaft eine nahezu geschlossene Vegetationsdecke entstehen konnte. Klimaverschlechterungen, die anschließend wieder einsetzten, führten schließlich zu der Bildung der heutigen Eisbereiche Islands: Etwa 500 v. Chr. wuchsen die Eiskuppen der Gletscher Öræfajökull, Grímsfjall, Breiðabunga, Bárðarbunga, Kverkfjöll und Esjufjöll zu einer einheitlichen Eisfläche, dem Vatnajökull – wie wir ihn jetzt nennen –, zusam-

men (siehe Abb. d). Etwa ab 1600 n. Chr. breitete sich in Island mit dem Eintritt der »kleinen Eiszeit«, einer weiteren Phase der Aktivität, die Eisbedeckung wieder aus. Diesem ständigen Wechsel von Kalt- und Warmzeiten entsprechend gehen jedoch die Gletscher seit 1890 wieder allmählich zurück. Allein der Vatnajökull verkleinerte sich in den letzten 90 Jahren um etwa 10 Prozent – und doch ist er mit einer Fläche von 8300 Quadratkilometern auch jetzt noch Europas größtes zusammenhängendes Eisgebiet.
Welche Auswirkungen das Klima auf die Eisbewegung und die Größe von Gletschern haben kann, zeigt die Tatsache, daß z. B. eine der südlichen Gletscherzungen des Vatnajökull, der Breiðamerkurjökull, im Jahre 1894 nur 256 Meter von der atlantischen Küste entfernt lag, während der Abstand heute ca. 2 Kilometer beträgt. Interessant ist in diesem Zusammenhang auch, daß das Gletschereis auf dem Berg Gláma, der auf der Nordwest-Halbinsel liegt, während der letzten Jahrzehnte vollständig abgeschmolzen ist.
Heute sind rund 11 Prozent der Fläche Islands, das heißt 11200 Quadratkilometer, mit Gletschereis bedeckt. Sie lassen sich geographisch in vier große Komplexe zusammenfassen:

- das südliche Gletschergebiet mit den Gletschern Eyjafjalla-, Mýrdals-, Tindfjalla- und Torfajökull,
- den südöstlichen Bereich mit dem Gletscher Vatnajökull,
- das zentral gelegene Gebiet mit den Gletschern Snæfells-, Þóris-, Eiríks-, Langjökull, Hrútfell, Hofs- und Tungnafellsjökull,
- die nordwestliche und nördliche Region mit dem Gletscher Drangajökull und den kleinen Gletschern von Tröllaskagi, etwa zwischen den Fjorden Skaga- und Eyjafjörður.

Islands Eisflächen gehören zu der Gruppe der Plateau-Gletscher: Sie sind flach und weit ausgedehnt. Eine Ausnahme bilden die alpinen Gletscher in der nördlichen Region von Tröllaskagi. Diese rund 115 kleineren Tal- und Kargletscher nehmen aber zusammengefaßt nur eine Fläche von 40 Quadratkilometern ein.
Ein besonderer Charakterzug Islands ist das Zusammenwirken von Eisgeschehen und Vulkanismus, wie es in den subglazialen Vulkanausbrüchen zum Ausdruck kommt – ein Phänomen, das in dieser Ausprägung nur selten anzutreffen ist. Der Vatnajökull zum Beispiel, ein Eispaket, das im Durchschnitt eine Dicke von 420 Metern hat, teilweise aber auch eine Mächtigkeit von mehr als 1000 Metern

erreicht, gehört im Westen etwa zur Hälfte der neovulkanischen Zone an. Im Zentrum dieses Eisgebietes liegt in den Grímsvötn einer seiner subglazialen Vulkane, der zugleich der aktivste dieser Art im Land ist. Seine Ausbrüche haben immer wieder verheerende Folgen gehabt, nicht zuletzt weil sie mit den für Island typischen, zahlreichen Gletscherläufen oder Jökulhlaup verbunden sind. Erste Aufschlüsse über den Ursprung und die Entwicklung dieser Gletscherläufe brachte eine Expedition im Jahre 1919. Die Ausbruchstelle des Vulkans in den Grímsvötn konnte aber erst im Jahre 1934 genauer lokalisiert werden: Mächtige Dampfsäulen stiegen damals bei einer heftigen Eruption aus dem Eis auf. Die Grímsvötn-Caldera ist eine gewaltige Eiseinsenkung, die durch wiederholte vulkanische Ausbrüche und durch erhöhte Erdwärme entstand. Sie hat eine Ausdehnung von etwa 35 Quadratkilometern und eine Tiefe von ca. 300 bis 400 Metern.

Das Gletschereis wird in der Caldera durch die geothermale Wärme ständig abgeschmolzen – ein subglazialer See entsteht. Sein Wasserspiegel wird zuzeiten solange von den Schmelzwässern angehoben, bis er eine kritische Höhe erreicht: Die gestauten Schmelzwasser überlaufen die unter dem Eise liegenden Höhenzüge, treten dann plötzlich als Jökulhlaup oder Gletscherläufe am Rande der Gletscherzungen aus und verursachen riesige Überschwemmungen in den Sandergebieten. Wie heftig ein Jökulhlaup sein kann, zeigt z. B. der Vulkanausbruch des Jahres 1934. Die Wassermassen, die an den Grímsvötn abschmolzen und unter der Gletscherzunge des Skeiðarárjökull hervorschossen, hatten schätzungsweise ein Volumen von insgesamt 7 Kubikkilometern und eine Abflußgeschwindigkeit von etwa 50 000 Kubikmetern pro Sekunde. In bestimmten Abständen wiederholen sich diese subglazialen Vorgänge – so in letzter Zeit in den Jahren 1954, 1960, 1965, 1972, 1976, 1982, 1983, 1986, 1991 und 1996.

Subglaziale Vulkanausbrüche können auch am Gletscher Mýrdalsjökull beobachtet werden. Hier liegt die Katla – ein rund 10 000 Jahre alter Vulkan – mit einer Höhe von ca. 1250 Metern über dem Meeresspiegel. Sie wird von einer 250 bis 300 Meter dicken Eisschicht bedeckt. Ihre Ausbrüche und die ihnen folgenden Gletscherläufe kommen überraschend und sind überaus gefährlich. Es ist anzunehmen, daß alle Jökulhlaup, die seit der Besiedlung des Landes bis zum Gletscherlauf des Jahres 1580 auftraten, sehr wahrscheinlich in einem engen Zusammenhang mit Eruptionen der Katla standen; seit 1625 sind die Berichte über die Ausbrüche und die von ihnen verursachten

Gletscherläufe historisch belegt. Die bislang letzte Eruption trat im Oktober 1918 ein. Riesige Wassermassen wurden freigesetzt, etwa gleichzeitig erfolgten Erdstöße und weithin sichtbare Ascheauswürfe. Die Schmelzwässer erreichten zuweilen eine Kapazität von bis zu 200 000 Kubikmetern pro Sekunde. Am Rande der Gletscherzunge Höfðabrekkujökull im Südosten des Mýrdalsjökull stiegen sie bis zu etwa 70 Metern an und hatten an der viele Kilometer entfernten Atlantikküste immerhin noch eine Höhe von 10 bis 15 Metern. Nach zwei Stunden waren die Gletscherläufe praktisch beendet, die Sander am nächsten Tag zeitweilig wieder trocken. Auch die vulkanische Tätigkeit hörte nach einer Woche auf. Im Sommer 1955 und 1995 kam es noch einmal zu kleinen Gletscherläufen, offensichtlich ohne vulkanische Begleiterscheinungen. Aber noch in diesem Jahrhundert wird mit einem erneuten Ausbruch der Katla gerechnet.
In Island sind derzeit die Temperaturen verhältnismäßig ausgeglichen. Während der Jahre 1931 bis 1980 wurden im Mittel für die Hauptstadt Reykjavík 4,8 Grad Celsius, für die Stadt Akureyri 3,6 Grad gemessen. Während des kurzen Sommers werden relativ kühle Durchschnittswerte von 10–11 Grad Celsius erreicht. Die Winterzeit von Oktober bis einschließlich April ist mit 1,6 Grad Celsius für Reykjavík bzw. 0,1 Grad für Akureyri dagegen mild und lang anhaltend. Im Süden sind die vergleichsweise hohen Wintertemperaturen auf den Einfluß des Irmingerstroms, eines Arms des Golfstroms, zurückzuführen, der an Islands Küste vorbeizieht und Wärme mit sich bringt. Durch das Zusammentreffen der warmen atlantischen mit den kalten arktischen Luftmassen bilden sich Tiefdruckgebiete mit vielen Wolken und hoher Luftfeuchtigkeit, die auch das Wettergeschehen auf dem europäischen Kontinent bestimmen. Die Wolkenzüge werden an den hohen Bergen und in den Gletschergebieten abgefangen. Daher sind dort die Niederschläge, sei es in Form von Regen oder von Schnee, besonders hoch. Sie sorgen dafür, daß die oberhalb der Schmelzgrenze liegenden Eisbereiche, die Nährgebiete der Gletscher, immer wieder ausreichend aufgefüllt werden. Auf dem Vatnajökull werden heute z. B. 5000 bis 8000, am Mýrdalsjökull 4000 Millimeter Niederschlag pro Jahr gemessen. Vergleichsweise betragen die jährlichen Niederschlagsraten in München 866, in Oxford 550 und in New York 120 Millimeter.
Seit 1965 erlebt Island erneut eine geringe Klimaverschlechterung mit niedrigeren Durchschnittstemperaturen. Wie lange dieser bisher letzte Zyklus der periodischen Klimaschwankungen anhalten und wie er sich auf die Eisbildung auswirken wird, ist noch nicht abzusehen.

87 Das Luftbild gibt einen guten Einblick in das glaziale Geschehen auf der Südseite des Hofsjökull. Die Gletscherzunge Múlajökull wird zunächst von den Bergrücken Hjartarfell und Jökulbrekka eingeengt, breitet sich dann pilzförmig über die flachen, dunklen Inlandsandflächen aus. Sie hat bei ihrem kontinuierlichen Rückzug einen breiten Saum ringartiger Strukturen zurückgelassen, der aus vielen Endmoränenwällen, miteinander verbundenen Seen und Entwässerungsrinnen aufgebaut ist. Die milchigweiß gefärbten Gletscherflüsse auf dem Bild unten vereinen sich zur Þjórsá, Islands längstem Fluß.

88 Über viele Kilometer hinweg werden Geröllmassen, die von einzelnen, aus dem Eise herausragenden Felsspitzen oder Nunatakker stammen, auf der Oberfläche einer Gletscherzunge mitgeschleppt. Auf der Luftaufnahme kann der Weg der Schuttmassen – hier auch als Mittelmoräne zu bezeichnen – von seinem Ursprung bis fast zu seinem Ende am vorgelagerten Gletschersee Breiðalón verfolgt werden. Die Eisbereiche gehören zum Breiðamerkurjökull, einer der größten Gletscherzungen des Vatnajökull.

89 Das schwarz-weiße Luftbildmosaik zeigt die südwestliche Hälfte des Síðujökull, einer breiten Gletscherzunge am Vatnajökull. Die auf dem Eis liegenden schwarzen Aschen stammen von Vulkanausbrüchen. Im Laufe der Zeit versinken sie unter Neuschneeauflagen im Eis und kommen erst wieder im Abschmelzgebiet, d. h. in den Randbereichen der Gletscherzunge zum Vorschein. Die mäanderartigen schwarzen Strukturen lassen auf eine unterschiedliche Fließbewegung des Eises schließen. Senkrecht zu den großen, radialen Gletscherspalten im oberen Bildteil ziehen kleine Spalten durch das Eis. Sie führen das abgeschmolzene Oberflächenwasser talwärts. Der Gletscherrand ist mit Schutt, Geröll und Schlammablagerungen bedeckt. Zwischen dem Eisrand und den ihm vorgelagerten Moränenwällen bilden sich viele kleine aufgestaute Seen, die durch unzählige Rinnsale miteinander verbunden sind.

90 In der Falschfarbendarstellung des Satellitenbildes – aufgenommen am 22. 9. 1973 aus einer Flughöhe von ca. 915 Kilometern – wird der südliche Teil Islands wiedergegeben. Auf der Bildszene heben sich der Atlantische Ozean in dunkelblauer Farbtönung und die schwarz-blau erscheinenden Inlandwüsten in der linken oberen Bildecke deutlich ab. Gleiches gilt für die roten Farbtöne der Vegetationsbereiche im Süden und für das leuchtende Weiß der Plateau-Gletscher. Im Zentrum des Bildes liegt der Vatnajökull, der Wassergletscher, Europas größte geschlossene Eisfläche. Partien des Gletschers Mýrdalsjökull sind links unten, sowie weiter oben der Torfajökull und der Tungnafellsjökull zu erkennen. Infolge des verhältnismäßig hohen Sonnenstandes und der damit gegebenen starken Reflexion des Gletschereises sind – mit Ausnahme der Grímsvötn-Caldera – Unebenheiten auf der Eisoberfläche des Vatnajökull nicht zu erkennen.
Während sich an der Südküste zahlreiche Gletscherzungen etwa bis zum Meeresniveau herunterschieben, kündigen breite, flach auslaufende Eisflächen im Norden und Nordwesten den Übergang zu den Inlandwüsten an. Die blauschwarzen Streifen an den südlichen Gletscherzungen sind als Geröllmassen und Moränenschutt zu interpretieren. Im Vorfeld häufen sich, deutlich erkennbar, die Endmoränenwälle der einzelnen Gletschervorschübe.
Millionen von Tonnen fein zerteilten basaltischen Geröll- und Schwemm-Materials werden von reißenden Gletscherflüssen zu Sandern abgelagert. In unregelmäßigen Abständen werden sie – wie hier am Skeiðarársandur – von gewaltigen Gletscherläufen, den Jökulhlaup, überschwemmt. Im Bild unten links ziehen Kraterketten, Spalten und Flußsysteme mit großer Regelmäßigkeit von Südwest nach Nordost.
So sind die Kraterkette der Laki-Spalte und die Eldgjá an den parallel versetzten Linien zwischen den Gletschern Mýrdals – und Vatnajökull gut zu erkennen. Relativ günstige Klimabedingungen, die dem Einfluß des Golfstroms zuzuschreiben sind, führten dazu, daß sich dicke Moospolster auf den Lavaströmen bilden konnten. Sie erscheinen in der Falschfarbendarstellung in einem kräftigen Rotton, ein Zeichen für den erhöhten Chlorophyllgehalt der Vegetation.

91 Im Zentrum des Vatnajökull, einer zusammenhängenden Eisfläche von etwa 8300 Quadratkilometern, befindet sich ein sehr gefährlicher subglazialer Vulkan. Seine Ausbrüche erfolgen mehr oder minder regelmäßig in der 35 Quadratkilometer großen Depression der Grímsvötn.

92 Von den Svíahnúkar (1700 m), den Südost-Hängen des Bergrükkens Grímsfjall, brechen überhängende Eiswände ab und stürzen etwa 300 Meter tief in die Grímsvötn-Caldera.

93 Die Eismassen der Gletscherzunge Breiðamerkurjökull enden auf einer Breite von ca. 20 Kilometern in dem Gletschersee Jökulsárlón und kalben dort. Die riesigen mit Asche und Geröll bedeckten Eisblöcke, die in dem rund 140–160 m tiefen See schwimmen, werden von der Jökulsá á Breiðamerkursandi zu dem nur 2 Kilometer entfernten Atlantik transportiert. Bei den schwarzen Streifen auf dem Eis handelt es sich um Geröllmassen, die von den einzelnen Nunatakker stammen und auf dem Gletscher mittransportiert werden. Ein Mittelmoränenband führt zu dem 1522 Meter hohen Esjufjöll hinauf. Dort erst beginnen dann die eigentlichen Eisregionen des Vatnajökull.

94 Die weit ausgedehnten, flachen Plateau-Gletscher sind typisch für Island. Die Aufnahme zeigt leicht ansteigende Eisbereiche des Þórisjökull, der eine Höhe von 1350 Metern erreicht. Kleinere Gletscherzungen im vorderen Bildteil ziehen von dem steilen westlichen Abbruch zu der Verwerfung am Kaldidalur herunter.

95 Die Aufnahme vom Gipfel des Mælifell (761 Meter) am Nordostrand des Mýrdalsjökull zeigt den z. T. noch unter dem Eis liegenden Bergrücken Öldufell (810 Meter) und die ihm vorgelagerten, ringartigen Endmoränenwälle. Die vegetationslose, periglaziale Landschaft wird bei starken Niederschlägen oder intensiver Sonneneinwirkung auf das Eis von unzähligen Gletscherbächen durchzogen.

96 Auf der Südseite des Vatnajökull schiebt sich diese Gletscherzunge mit einem Höhenunterschied von mehr als 1500 Metern vom Öræfajökull bis auf Meeresniveau. Ihre stark zerklüfteten Eismassen münden in den hier nicht mehr sichtbaren Gletschersee Fjallsárlón.

97, 98 In den unteren Bereichen des Fall- oder Gígjökull, einer nach Norden abbrechenden Gletscherzunge des Eyjafjallajökull, ist das Eis stark zerklüftet. Gefährliche Gletscherspalten und das mit dunklem Geröllschutt und schwarzer Asche beladene Eis sind typisch für viele isländische Gletscherzungen. Auf den Seitenmoränen und Bergrücken im Vordergrund ist ein spärlicher Flechten- und Moosbewuchs zu erkennen.

99 Die Gletscherzunge Skeiðarárjökull hat eine Länge von 30 bis 50 Kilometern. Sie bildet im Vorfeld der Atlantikküste ausgedehnte Sanderflächen in einer Größenordnung von ca. 1000 Quadratkilometern. Steil abbrechende Bergflanken grenzen das Eis des Gletschers seitlich ein. Ein kleiner Seitenarm der Gletscherzunge zweigt vorne nach rechts zu dem See Grænalón ab, der auf dem Bild nicht mehr zu sehen ist.

100 Das stark zerklüftete Gletschereis ist mit Vulkanasche und Geröll durchsetzt. Die Luftaufnahme zeigt die Abbruchkante der Eiswände am Grænalón, die eine Höhe von mindestens 20 Metern erreichen.

88
89 ►

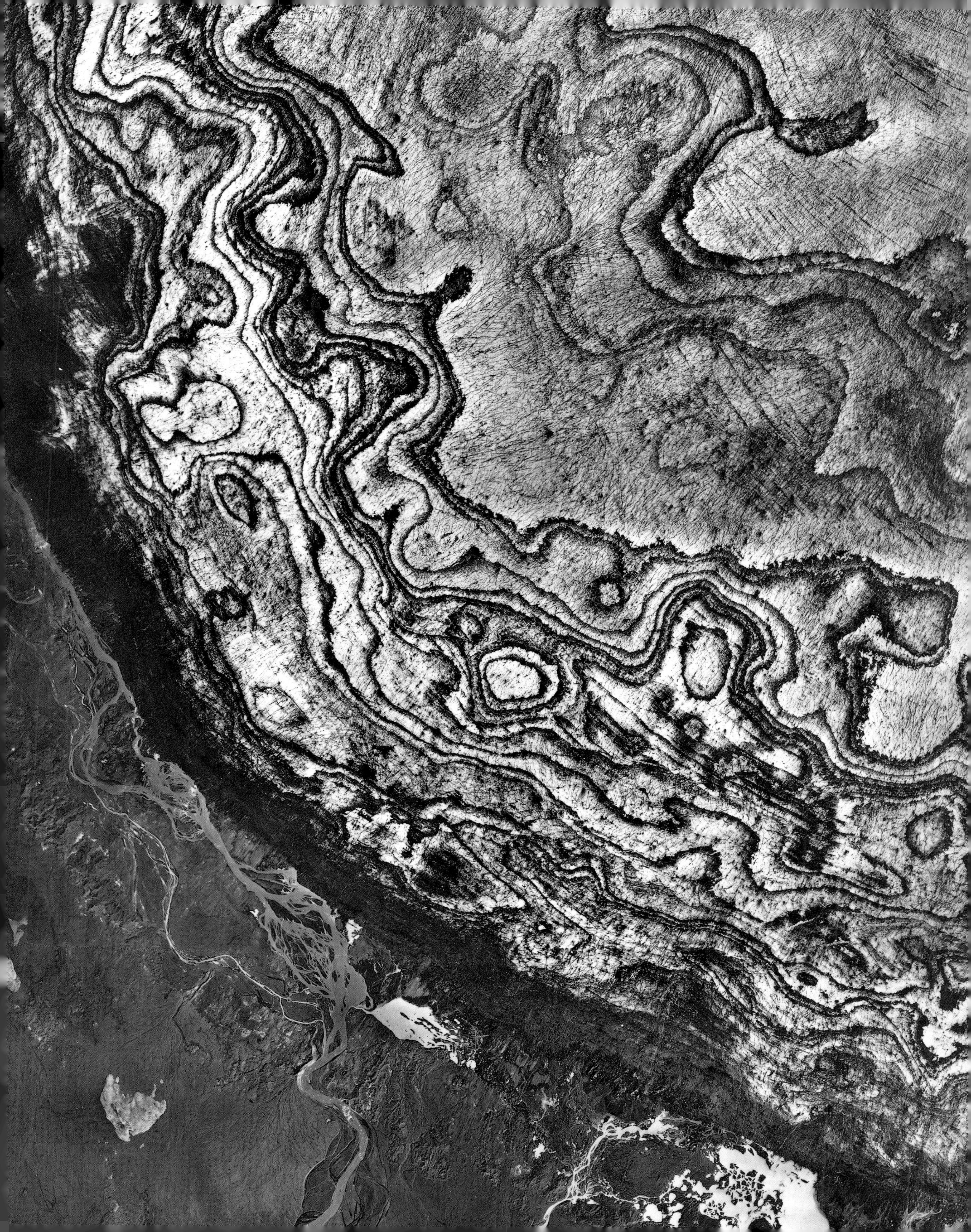

91

92

93 ▶

◀ 90

94

95

96 ▶

97

98

99 ▶

Hitze und Dampf
Das Wirken geothermaler Kräfte

Vulkanismus und thermale Aktivität sind eng miteinander verbunden – ist doch das Phänomen des erhöhten Wärmeflusses beiden gemeinsam. So gibt es wie in all den anderen Vulkangebieten der Erde auch auf Island zahlreiche Thermalgebiete mit warmen und heißen Quellen, Dampfaustritten und brodelnden Schlammpfuhlen. Bereits die Namen vieler Städte und Ortschaften, wie z. B. Reykjavík – Bucht der Dämpfe, Reykir – Dämpfe oder Rauch, Hveragerði – Feld der heißen Quellen, oder Landschaftsbezeichnungen, wie Varmaland – das warme Land, Reykholtsdalur – Tal der dampfenden Steinfelder, Hveravellir – Ebenen der heißen Quellen, enthalten Begriffe, die darauf hinweisen, daß überall in diesem Land Thermalkräfte am Werke sind.
Die isländischen Thermal- und Dampfquellen sind zum großen Teil meteorischen Ursprungs: Das Niederschlagswasser dringt durch die Spalten und Risse des Erdbodens in die Tiefe ein und wird dort von dem Gestein aufgeheizt, das erhöhte Wärmeenergien ausstrahlt. Das derart erhitzte Niederschlagswasser löst Stoffe wie beispielsweise Calcium, Magnesium oder Chloride aus dem Gestein heraus, um dann vermengt mit vulkanogenen Gasen als Thermalwasser zutage zu treten. So gibt es Thermalwässer mit erhöhtem Chlorid-Gehalt, mit reichen Anteilen von Sulfaten oder kohlensäurehaltige Wässer, die Säuerlinge. Besonders groß ist bei den isländischen Quellen der Gehalt an Kieselsäure.

Generell ist in Island zwischen Niedrig- und Hochtemperaturgebieten zu unterscheiden, wobei die Grenze bei 150 Grad Celsius liegt. Die Definition beruht auf Temperaturwerten, die bei Bohrungen in 1000 Meter Tiefe ermittelt wurden. Die Niedrigtemperaturgebiete z. B. verzeichnen durchschnittliche Temperaturen von 100 Grad Celsius,

während in den Hochtemperaturgebieten 200 bis 300 Grad Celsius gemessen werden.
Interessant ist, daß sich die Niedrigtemperaturgebiete mit ihren Quellen im wesentlichen außerhalb der aktiven Vulkanzone befinden. Sie liegen in den geologisch älteren Regionen des Nordwestens, des Nordens und ganz vereinzelt im Osten des Landes. Auf der Halbinsel Snæfellsnes treten vor allem Mineralquellen mit geringen Temperaturen, Ölkeldur oder Bierquellen genannt, auf.
Die Hochtemperaturgebiete auf der anderen Seite sind mit ihren vergleichsweise hohen Bodentemperaturen ausschließlich an die neovulkanische Zone und den dort noch tätigen Vulkanismus gebunden. Ihr Landschaftsbild wird vor allem von den zahlreichen Fumarolen, vulkanischen Gasdampf-Aushauchungen, und den Solfataren, postvulkanischen Wasserdampf-Aushauchungen, bestimmt. Die Solfataren sind schwefelwasserstoffhaltige Dampfquellen mit Temperaturen zwischen 100 und 200 Grad Celsius. Gelangt der Schwefelwasserstoff an die Luft, so wird er zu elementarem Schwefel und schwefeliger Säure umgewandelt. Die Austrittstellen leuchten in hellen Farben – eine Erscheinung, die durch die Ablagerung des Schwefels und zuweilen auch von Eisensulfiden hervorgerufen wird. Die Temperaturbereiche sind bei den Fumarolen wesentlich größer; sie reichen von weniger als 200 Grad Celsius bis zu 900 Grad Celsius. In Island gibt es vor allem die kühleren Fumarolen. Sie treten – ähnlich wie die Solfataren – häufig in größerer Zahl, d.h. in Gruppen auf und bilden Felder. Auskunft über Art und Wirkung der Fumarolengase können u.a. auch die Ausblühungen an den Austrittstellen geben. Diese dünnen Krustenbeläge aus kristallisierten Mineralen erscheinen in weißer und gelber Farbe, in rötlichen, bläulichen und grünlichen Tönungen und verleihen den Feldern eine besondere Farbenpracht.

Insgesamt gibt es heute mindestens 17 Regionen in Island, die sich durch rege Fumarolen- und Solfatarentätigkeit, heiße Wässer, sowie durch eine intensive chemische Zersetzung des Untergrundes und der Gesteine auszeichnen (siehe Abb. e). Dem Verlauf und der Richtung der neovulkanischen Zone entsprechend, beginnen sie auf der Halbinsel Reykjanes im Südwesten des Landes und ziehen sich bis in den Norden hinauf. Auf der Südspitze von Reykjanes ergaben Tiefbohrungen während der letzten Jahre Funde von salzhaltigen Heißwasserquellen, die Temperaturen von rund 200 Grad Celsius aufweisen. Heute werden sie für die Gewinnung von Kochsalz genutzt. In dem

Solfataren- und Quellgebiet von Krísuvík, das einige Quadratkilometer umfaßt, wurde vor langer Zeit Schwefel gewonnen, der Abbau dann aber – ähnlich wie im Norden Islands – aus wirtschaftlichen Überlegungen eingestellt. Ein weiteres Hochtemperaturgebiet erstreckt sich in dem Hengill-Gebirge, zwischen der Stadt Hveragerði und dem See Þingvallavatn. Unzählige heiße Quellen und zusätzlich auch Bohrlöcher fördern kochendes Wasser, das die Gewächshäuser von Hveragerði mit Wärme versorgt. Tomaten, Gurken, Paprika und auch Blumen werden dort – wie in anderen Thermalregionen Islands – für den eigenen Bedarf angepflanzt, der damit in etwa gedeckt wird.
Das nur sehr schwer zugängliche Areal um den Gletscher Torfajökull nimmt im mittleren Süden etwa 400 Quadratkilometer ein und ist damit flächenmäßig die größte Hochtemperaturregion Islands. Hunderte von heißen sauren Quellen, Schlammsprudeln, sauren Fumarolen und Solfataren sind hier ebenso typisch wie die weitverbreitete Zersetzung des Bodens.
Gleichfalls nur schwer zu erreichen ist das etwa 10 Kilometer südwestlich des Gletschers Hofsjökull gelegene Rhyolithgebiet in den Kerlingarfjöll-Bergen, das sich in einer Geländehöhe von 900 bis 1500 Metern über eine Fläche von rund 1,5 auf 2,5 Kilometern erstreckt. Die Thermalaustritte liegen hier oft in unmittelbarer Nähe von hohen Eisabbrüchen. Zersetzte Rhyolithe, Gips- und Schwefelablagerungen weisen auf das Wirken thermaler Kräfte hin.
Die enge Verbindung zwischen der aktiven Vulkanzone und den Hochtemperaturgebieten besteht selbst noch unter der Eisdecke des Vatnajökull. So ist z. B. auch in den Grímsvötn eine große Zahl von Solfataren. Das Gleiche gilt für die Solfatarenfelder in den Eisflächen der Kverkfjöll-Berge am Nordrand des Vatnajökull. Weiter nördlich schließt sich im mittleren Bereich Islands das Vulkanmassiv der Dyngjufjöll mit der Askja-Senke und dem Explosionskrater Víti an. Auch hier handelt es sich ebenso wie bei den Landschaftsbereichen an dem Schildvulkan Ketildyngja um thermal aktive Regionen.
Wohl am bekanntesten ist das Hochtemperaturgebiet von Námaskarð in der Nähe des Sees Mývatn. Schon von weitem leuchten die hydrothermal zersetzten Böden des Palagonitrückens Námafjall in hellen Farben auf. An seinem Osthang steigen Dämpfe auf, die mit Schwefelwasserstoff vermengt sind. Der Schwerpunkt der thermalen Aktivität liegt am Fuße des Berges, in der Ebene von Hveraröndd. Durch die stete Einwirkung aggressiver Gase ist der Boden zersetzt, tonartig und weich geworden, so daß es gefährlich sein kann, ihn zu betreten.

Aus grauen Schlammpfuhlen und -kratern, die von Schwefel und Gipsausblühungen umgeben sind, wird unaufhörlich kochender Pyritschlamm geschleudert. Dampffontänen entweichen mit mehreren Atmosphären Druck aus den Bohrlöchern einer stillgelegten Schwefelaufbereitungsanlage. In letzter Zeit macht sich die tektonische Unruhe im Bereich Mývatn–Námafjall–Krafla vor allem dadurch bemerkbar, daß immer wieder neue Spalten mit Fumarolenaustritten aufreißen.

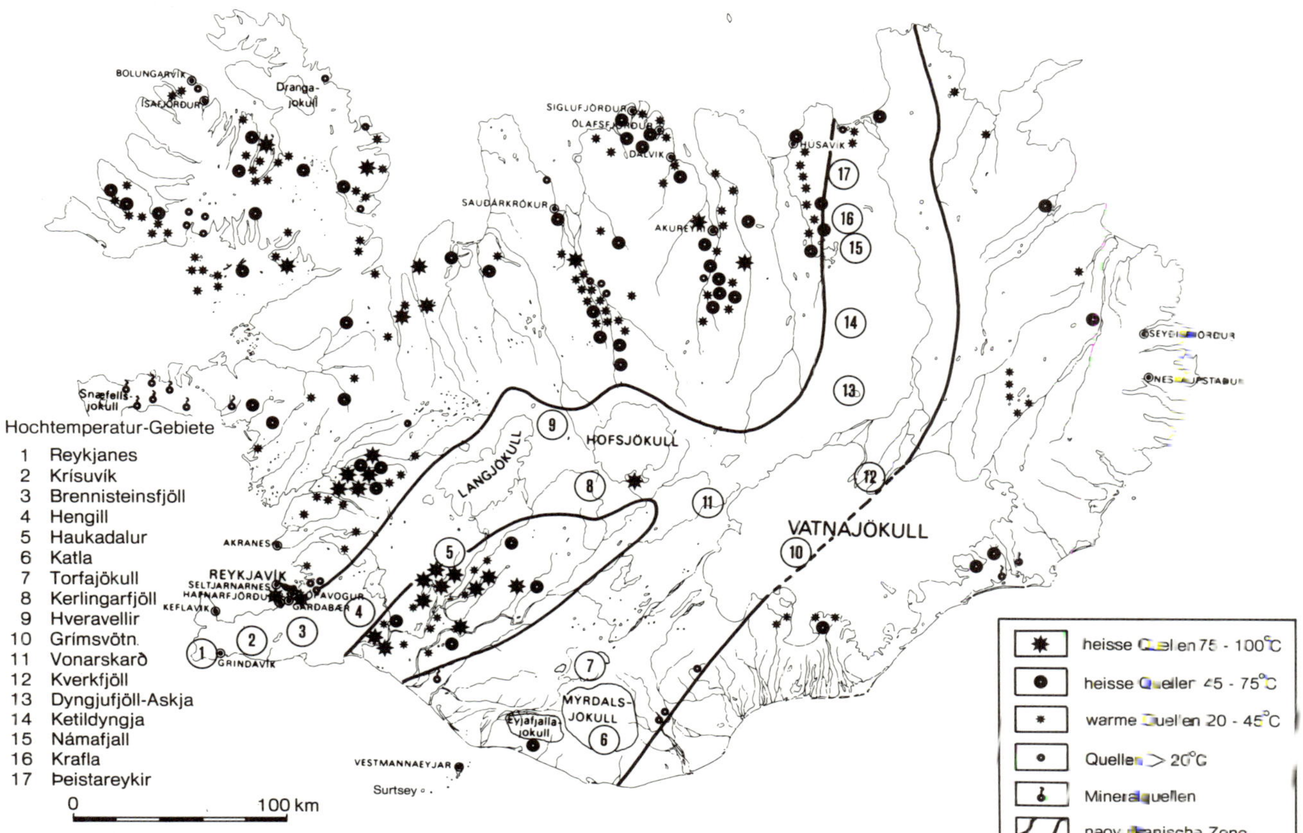

Abb. e: Geothermische Regionen und Quellen

Besonders intensiv ist sie z. Z. unweit des geothermischen Kraftwerkes an der Krafla. So gibt es hier viele Schlammpfuhle, saure Fumarolenaustritte und ausgedehnte Schwefelflächen.

Zwei weitere Hochtemperaturgebiete, die Areale von Hveravellir im Zentrum des Landes und von Haukadalur im Südwesten, sind vor allem interessant, weil dort eine große Zahl von Heißwasserquellen vorkommt. Bereits in den Sagas wird Hveravellir als »Ebene der heißen Quellen« erwähnt. Sie liegt zwischen den Gletschern Hofs- und Langjökull und gehört zu den schönsten alkalischen Quellgebieten Islands. Hier sind, wie auch in den anderen Thermalregionen, die verschiedensten Quellarten zu finden: Kleine Kochquellen mit ständig brodelndem Wasser, Überlaufquellen mit einem geringen, aber steten

Überlauf oder Springquellen. Oft werden die Heißwasseraustritte von Kieselsinterterrassen umrahmt, die von dünnen Schwefelbelägen überzogen sind. Viele Quellen tragen sehr anschauliche Namen, wie z. B. Bláhver – die blaue Quelle, Meyjarauga – das Mädchenauge oder Fagrihver – die schöne Quelle. Eine 87 Grad Celsius heiße Quelle, Eyvindarhver, erhielt sogar den Namen eines vor langer Zeit Geächteten.
Die wichtigsten Springquellen oder Geysire sind im Haukadalur zu finden, rund 50 Kilometer von der Südküste entfernt. Untersuchungen an den Kieselsinter- bzw. Geyseritablagerungen lassen den Schluß zu, daß dieses Thermalgebiet ein Alter von ca. 10000 Jahren haben dürfte. Die Springquellen liegen auf einer etwa 600 mal 300 Meter großen, nach Westen hin ansteigenden Kieselsinterplatte am Fuß des Rhyolithberges Laugarfjall. Weithin bekannt ist der Stóri-Geysir, der große Geysir, der bereits 1294 in der Literatur erwähnt wird. Vermutlich stand sein Ausbruch mit einem Erdbeben in Verbindung, das im gleichen Jahr auftrat. Bischof Sveinsson auf Skálholt gab dieser Springquelle 1647 den Namen »Geysir« – eine Bezeichnung, die seither für diesen Quellentyp allgemein verwandt wird.
Die Eruptionen eines Geysirs, ihre Dauer, Heftigkeit und Auswurfhöhe hängen jeweils von dem Grad der Aufheizung und dem Zufluß des Wassers, von der Gasbildung und dem Druck der Wassersäule ab. So kann es vorkommen, daß ein Geysir wochen-, ja monatelang kochendes Wasser viele Meter hoch aus seinem Schlot schleudert, um dann über Jahrzehnte hinweg nicht wieder auszubrechen. Robert Bunsen war einer der ersten Wissenschaftler, der dieses Phänomen eingehend untersuchte. Im Jahre 1846 fand er u.a. heraus, daß die Siedetemperatur des Wassers auf dem 22 Meter tiefen Schlotboden des Stóri-Geysirs nicht 100 Grad Celsius wie nahe der Oberfläche betrug, sondern 127 Grad Celsius – ein Effekt, der durch den Druck bzw. das Gewicht des in dem Schlot befindlichen Wassers erreicht wird. Die einzelnen Stadien der eruptiven Tätigkeit eines Geysirs können gegenwärtig besonders gut am Strokkur beobachtet werden, der nicht weit vom Großen Geysir entfernt ist. In Abständen von wenigen Minuten schleudert er mehr oder minder regelmäßig das Wasser bis zu einer Höhe von 15 Metern aus seinem Schlot.

Die steigenden Bevölkerungszahlen und das rasche Anwachsen der Städte machten in Island eine intensive technische Erschließung seiner Thermalvorkommen notwendig. Dank der großen Thermalre-

serven verfügt z. B. Reykjavík als einzige Hauptstadt der Welt über ein Beheizungssystem, für das ausschließlich natürliches heißes Wasser benutzt wird. Mit Hilfe von neuen, verbesserten Bohrtechniken können jetzt auch Ortschaften, die abseits der Thermalgebiete liegen, in gleicher Weise versorgt werden. Die Nutzung der geothermischen Energie für die Beheizung und Warmwasserversorgung von Gebäuden ist ein wichtiger ökonomischer Faktor: Mehr als 85% der Häuser, Wohnungen, Gewerbebetriebe, Schwimmbäder, Gewächshäuser und seit einiger Zeit auch Fischfarmen sind an natürliche Heißwasseranlagen angeschlossen. Auch an die Verwertung von Erdwärme für industrielle Zwecke wurde gedacht. So wurde z. B. am Mývatn ein Betrieb errichtet, der rund 24 000 t Kieselgur aus dem See verarbeitet und durch Erdwärme trocknet. Bei der Stromversorgung spielt allerdings die Nutzung der Wasserkraft eine wichtigere Rolle. Das Energiepotential des Landes zur Gewinnung von elektrischem Strom aus Wasserkraft und geothermischen Anlagen wird derzeit auf ca. 85 000 GWh/Jahr geschätzt, wovon z. Zt. nur knapp ein Viertel technisch genutzt wird.
Es gibt einige geothermische Kraftwerke, die Wärme und gleichzeitig Elektrizität produzieren, wie z. B. das Nesjavellir-Projekt südwestlich des Sees Þingvallavatn, das im Jahr 1990 mit einer voraussichtlichen Kapazität von 100 MWt in Betrieb genommen wurde. Es ist geplant, nach beendetem Ausbau aus 13 Bohrlöchern – 5 werden zur Zeit benutzt – rund 400 MWt zu gewinnen. Heute schon werden in den Gebieten Laugarnes, Elliðaár, Reykir, Reykjahlið und Nesjavellir rund 147 000 Menschen bzw. 25 200 Häuser mit 38 525 000 m^3 Warmwasser von der Gesellschaft Hitaveita Reykjavíkur in Reykjavík versorgt.
Im März 1994 veröffentlichte die Gesellschaft Icelandic Energy Marketing Unit einen Bericht über die Möglichkeit des Exports von Elektrizität, gewonnen aus Wasser- und geothermalen Vorkommen Islands, über Schottland nach Hamburg. Sie kam zu dem Schluß, daß abzüglich des Verlusts beim Transport 1000 MW in zwei Kabeln von je 550 MW exportiert werden könnten. Die Vorbereitung, einschließlich des Baus der Kraftwerke und der Verlegung der Kabel, würde einen Zeitraum von voraussichtlich 8–12 Jahren beanspruchen.

101 Etwa 17 Hochtemperatur-Regionen liegen innerhalb der neovulkanischen Zone. Dazu gehören die Kverkfjöll unter den Eismassen im Norden des Vatnajökull. Unablässig steigen heiße Dämpfe aus den schnee- und eisbedeckten, hydrothermal zersetzten Böden auf. Die Solfatarenaustritte sind typisch für diese Region, die in rund 1600 Metern Höhe liegt. Die mächtigen Eisablagerungen am Rand des Vatnajökull erscheinen rechts im Hintergrund.

102, 103, 104, 105 Die wichtigsten Vorkommen von Springquellen befinden sich in dem Gebiet von Haukadalur, rund 100 Kilometer von Reykjavík entfernt. Auf den vier Abbildungen werden die einzelnen Stadien der Tätigkeit eines Geysirs am Beispiel des Strokkur dargestellt.
Der Geysirschlot füllt sich mit dem Rücklaufwasser des letzten Ausbruchs und mit dem neu hinzukommenden vadosen Wasser (Abb.102). Es entsteht eine Wassersäule, die aufgeheizt wird (Abb.103). Durch den Druck der Wassersäule wird die Siedetemperatur in Grundnähe stark erhöht. Sie liegt in 22 Metern Tiefe bei rund 127 Grad Celsius. Kurz vor dem eigentlichen Ausbruch läßt der stetig steigende Druck des Dampfes mehrere hundert Liter Wasser aus dem Schlot aufwallen, die dann über den Rand des Geysirbeckens abfließen. Mit diesem Vorgang nimmt der Druck der Wassersäule ab, die Siedetemperatur ändert sich, und schlagartig entsteht eine große Wasserglocke (Abb.104). Nachdrückender Dampf und kochendes Wasser brechen anschließend durch die Wasserglocke (Abb.105). Dies führt zu dem Höhepunkt des Geysir-Ausbruchs, d.h. zu dem Ausstoß des gesamten, im Schlot befindlichen Wassers. Bei dem Strokkur erfolgen die Ausbrüche in mehr oder minder regelmäßigen Abständen von wenigen Minuten und erreichen eine Höhe von etwa 15 Metern.

106 Mit rund 140 km^2 Fläche ist die Torfajökull-Region Islands zweitgrößtes Hochtemperaturgebiet mit zahlreichen Fumarolen, Solfataren und hunderten von heißen, sauren Quellen. Am häufigsten vertreten sind die Solfataren, d.h. schwefelwasserstoffführende Fumarolen. Schlammtöpfe fördern bis zu 10% Schwefelwasserstoff, der unter Zutritt von Sauerstoff zu elementarem Schwefel oder mit Eisen zu Pyrit oxidiert. Letzterer tritt meistens in seiner amorphen Ausbildung auf; steht kein Schwefel zur Verfügung, so wird das Eisen in Form von Eisenoxidkrusten ausgefällt. Sobald die gasführenden Quellwässer an die Erdoberfläche kommen, entstehen durch Ausfällung verschiedenartige Ablagerungen um die Austrittspunkte. Hohe Temperaturen und mitgeführte Säuren sorgen für die Zersetzung und Alteration des basaltischen Materials; aus den Primärmineralen bilden sich Tonminerale. Trockenrisse durchziehen die Erdoberfläche sowie die Ränder der ca. 1,5 Meter tiefen Schlammtöpfe – ein Hinweis auf erhöhte Bodentemperatur.

107 Am nordöstlichen Rand des Thermalgebietes Torfajökull liegt dieser kleine See, umrahmt von leuchtend gelbbraunen, hydrothermal zersetzten Rhyolithgesteinen. Ausblühungen, Dämpfe und Quellen werden im Vordergrund sichtbar; im Hintergrund liegt die Ausbruchstelle des Obsidianstromes bei Landmannalaugar, eine blockartig aufgebrochene Staukuppe.

108, 109 Beide Aufnahmen entstanden in dem Hochthermalgebiet von Haukadalur. Sie zeigen zwei kleinere Überlaufquellen, die von stetig wachsenden Krustenbelägen aus Kieselsinter bzw. Geyserit umgeben werden.

110 Die tiefe, zwei bis drei Meter breite Überlaufquelle ist mit klarem, heißem Wasser gefüllt. Sie liegt in dem Gebiet von Hveravellir, im Zentrum Islands. Auch hier haben sich im Laufe der Zeit durch Ausfällung von Kieselsinter am Quellrand Sinterterrassen gebildet – ein Vorgang, der nur bei starker Verdunstung des Wassers möglich ist.

111 Das Hochthermalgebiet von Hveravellir mit seinen alkalischen Springquellen wird von den Gletschern Lang- und Hofsjökull eingefaßt. Infolge der hohen Bodenwärme verdampft das abfließende Quellwasser einer Springquelle. Im Umfeld entstehen terrassenförmige Kieselsinterablagerungen mit dünnen, gelben Schwefelauflagen.

112, 113 Die Solfatarenfelder von Hveraröng liegen am Osthang des Bergrückens Námafjall. Die Böden sind chemisch stark zersetzt. Sulfate, Alaune, Gipse, Tonminerale sowie Salzausblühungen und Schwefelkrusten haben sich gebildet. Am Fuße des Berges vermischen sich das Grund- und das Oberflächenwasser mit den Dampfaustritten. Heiße, zähflüssige Schlammpfuhle entstehen. Aus dem kochenden Pyrit-Schlamm steigen ständig Gasblasen auf, die sofort zerplatzen.

114 Hydrothermal zersetzte Böden, Schlammquellen und starke Dampfaustritte an den Hängen des Hveradalur sind Wahrzeichen des Kverkfjöll-Hochtemperaturgebietes am Nordrand des Vatnajökull. Es liegt in unmittelbarer Gletschernähe in einer Höhe von ca. 1600 Metern über dem Meeresspiegel. Rund 60 Kilometer entfernt ragt in nördlicher Richtung der Tafelvulkan Herðubreið aus den dunklen Inland-Wüsten. Links davon ist ein Teil des Dyngjufjöll-Vulkanmassivs sowie der Lavastrom aus dem Jahre 1961 zu sehen.

115 Noch vor Errichtung des geothermalen Kraftwerks an der Krafla entstand diese Aufnahme. Umrahmt von hellen Schwefelablagerungen, steigt aus einem Schlammpfuhl ständig Dampf auf. Im Hintergrund liegen unweit des Sees Mývatn die mit Neuschnee bedeckten Tafelvulkane Bláfjall und Sellandafjall.

116 Westlich des Bergrückens Námafjall wird aus tiefen Bohrlöchern heißer Dampf mit einem Druck von knapp 50 Atmosphären gefördert. Er wird zum Trocknen von Kieselgurschlamm (Diatomit) aus dem See Mývatn benutzt.

102

103

104

105

106 ▶
107 ▶ ▶

108

109

111

112

113 ▶

114 ▶▶

115

116

Steter Wandel
Flüsse, Seen und Steinwüsten

Vulkanische und tektonische Aktivität haben Islands Landschaft geformt. Aber auch Wasser, Eis, Wind, Frost und selbst Hitze sind Kräfte, die in stetem Wandel seine Oberfläche verändern und neu bestimmen.
So haben die abschmelzenden Eismassen und die großen Niederschlagsmengen zahlreiche Flüsse entstehen lassen, die nach allen Richtungen durch das Land ziehen. Die Erosionskraft des Wassers schuf im Verlauf von Jahrtausenden tiefe Taleinschnitte und Cañons. Die Flüsse transportieren Geröll und Kies über lange Strecken hinweg, zerkleinern es und lagern die Lockergesteine in unterschiedlichen Größen ab.

Vor allem drei Flußarten gibt es in Island: den reißenden Gletscherfluß Jökulsá, dessen voller Name meist schon auf die geographische Lage hinweist, wie z.B. die Jökulsá á Fjöllum oder Jökulsá á Breiðamerkursandi; den Quellfluß Lindá, der klares, ungetrübtes Wasser mit sich führt, und die Dragá, deren Niederschlagswasser – ohne versickern zu können – direkt über die harten, undurchlässigen Basaltlagen abfließt. Die großen Flüsse – zu nennen sind vor allem die Þjórsá und der »weiße Fluß«, die Hvítá, mit 230 Kilometer bzw. 177 Kilometer Länge – haben ihren Ursprung in den Gletscherregionen. Schon ihr anfänglich gelbbraunes und schmutzig-trübes Schmelzwasser deutet auf die Herkunft hin. Stromschnellen, Geländebrüche, Verengungen und eine oft unregelmäßige Wasserführung lassen diese Gletscherflüsse so gefährlich werden, daß sie für die Schiffahrt nicht geeignet sind. Sie können enorm viel Wasser mit sich führen. So steigt z.B. das Volumen der Þjórsá in den warmen Sommermonaten von min. 80 bis max. 1200 m^3/s, das der Jökulsá á Fjöllum von 65 bis 1540 m^3/s und der Hvítá von 23 bis 1600 m^3/s. All diese Flüsse transportieren große

Mengen von Sand und Geröll. Messungen haben ergeben, daß die Jökulsá á Fjöllum allein täglich mehr als 120000 Tonnen Gesteinsschutt fortbewegt.

Die Lindá und Dragá spielen dagegen eine weniger bedeutende Rolle. Die Quellflüsse entspringen in den Bergen oder am Rand von Lavafeldern. Sie führen kleinere Wassermengen, münden oft in Gletscherflüsse ein, teilweise zeigt sich etwas Vegetation an den Rändern. Ein typisches Beispiel ist das Sog, das in die Hvítá fließt, die wiederum später die Ölfusá bildet. Die Dragá sind vornehmlich in den Basaltgebieten zu finden, wie z. B. die Norðurá in Westisland und die Grímsá im Osten.

Zahlreich sind die sich immer wieder verändernden Wasserfälle, die durch rückschreitende Erosion, d. h. durch die destruktive Kraft des Wassers, im Laufe der Zeit langsam flußaufwärts verlagert werden. In Island ist der Typus des konsequenten und auch des subsequenten Wasserfalls vertreten. Bei dem ersteren werden die Fallmacher nicht von den herabschießenden Wassermassen geformt. Ihr Entstehen ist vielmehr auf tektonische Bewegungen zurückzuführen. Beispiele sind der Öxarárfoss am Thingplatz, dessen Wasser über eine tektonisch gebildete Stufe in die Tiefe der Almannagjá-Schlucht stürzen, und der Ófærufossar in der Eldgjá. Gleiches gilt für die Kliffwasserfälle an der ehemaligen Steilküste im Süden, wie den Skógafoss und den Seljalandsfoss.

Wesentlich häufiger begegnet man in Island aber dem subsequenten Wasserfall. Hier ist der Gefällebruch ein Werk der Tiefenerosion des eigenen Wassers wie im Fall des Dettifoss, des Gullfoss oder des Hafragilsfoss.

Auch der Reichtum an Seen bestimmt das Bild der Landschaft. Viele große Seen gehören zu der Gruppe der Eintiefungsseen. Die vorrükkenden und wieder zurückweichenden Gletscher schufen während der letzten Eiszeit tiefe Ausschürfungen. Aber auch tektonische Bewegungen und vulkanische Tätigkeit verursachten Absenkungen, die sich mit Wasser füllten. Der 2 Kilometer breite und 45 Kilometer lange Lagarfljót im Osten des Landes ist ein durch glaziale Ausschürfung entstandener Eintiefungssee, während der Þingvallavatn, mit 83 Quadratkilometern die größte Wasserfläche Islands, durch tektonische Absenkung entstanden ist. Eine weitere Gruppe sind die mit Wasser gefüllten Calderen, Krater und Maare, die durch vulkanische Explosion oder durch Einsturz gebildet wurden, wie der Öskjuvatn in der Askja, der Víti-Krater mit seinem warmen Wasser oder auch der

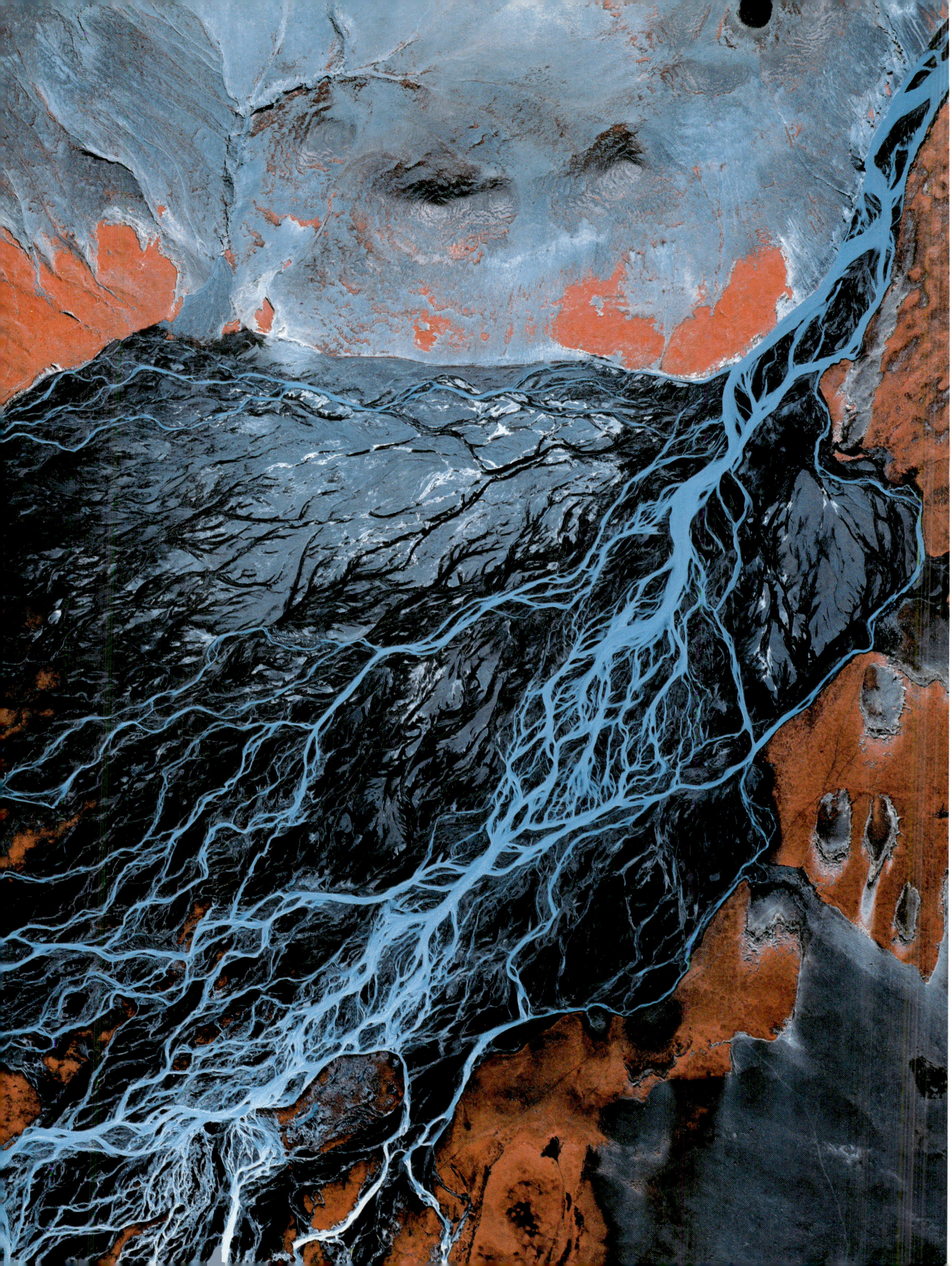

120

121

122

123

124

125

126

127

128

129 ▶

130

131

117 Entlang der Südküste breiten sich die großen Sanderflächen wie z. B. der Mýrdals- und der Meðallandssandur aus. Zwischen beiden liegt das weitverzweigte Flußsystem des Kúðafljót. Buhnenverbauungen und andere Maßnahmen sollen verhindern, daß sich die zahllosen Wasserläufe seitlich ausdehnen.

118 Auf der Luftaufnahme wird ein für Island typisches Bild in Falschfarbe gezeigt: Flußarme durchqueren einen flachen Inlandsander, sich kreuzend, miteinander verbindend oder einzeln laufend, aber dauernd ihre Lage verändernd. Die dunklen Rinnsale lassen auf Flußläufe schließen, die momentan wasserfrei, aber noch stark durchfeuchtet sind. Der Sander wird von einer leicht ansteigenden, glazial überprägten, quartären Landschaft eingefaßt, die mit Geröll bedeckt ist. In den geschützten Positionen wächst etwas Vegetation, die in einem kräftigen Rotton erscheint.

119 Hunderte von kleinen Rinnsalen fließen in schlängelnden Linien durch den Skeiðarársandur, die größte zusammenhängende Sanderfläche an der Südküste Islands. Kurz vor der Einmündung in den Atlantik durchbrechen sie – zu reißenden Strömen vereint – eine von der Brandung aufgeschüttete schmale Sandbank.

120 An der Stirnfront einer flach nach Norden auslaufenden Gletscherzunge des Mýrdalsjökull entstanden die großen Flächen des Mælifellssandur. Bei trockenem Wetter und in den kühlen Abendstunden versickern die 30 bis 40 Zentimeter tiefen Gletscherbäche, während tagsüber die Schnee- und Firnlagen auf dem Eis schmelzen und die Wasser weite Teile des Sanders überschwemmen.

121 Zwischen dem Mýrdalsjökull und der Eruptionsspalte Eldgjá windet sich ein kleiner Sanderfluß weitverzweigt durch ein flaches Tal. Gelbgrüne Moospolster gedeihen in geschützter Hangposition, hier und da sind Reste von Schnee zu erkennen.

122, 123 Diese Sandflächen im Inland wurden zweimal von etwa dem gleichen Standort aus aufgenommen. Abb. 122 zeigt das Gelände ausgetrocknet und leer, Abb. 123 von strömendem Wasser überflutet. Im Hintergrund erstreckt sich die mit dunklem Geröll und Sand beladene Gletscherzunge des Dyngjujökull. Intensive Sonneneinwirkung auf das Gletschereis oder heftige Niederschläge verwandeln diesen sonst friedlich anmutenden Sander in eine riesige, bis zu 20 Kilometer breite, unpassierbare Wasserfläche. Messungen ergaben, daß sich die Wassermengen mit einer Geschwindigkeit von bis zu 50 Metern pro Minute auf der flachen Ebene vorwärtsbewegen können.

124 Fein zerteiltes basaltisches Gesteinsmaterial wird im Flußtal Markarfljót an der Nordseite des Gletschers Eyjafjallajökull abgelagert. In diesem Tal liegt bei Þórsmörk ein Nationalpark. Er ist nur schwer zu erreichen, da sich die Lage der tiefen, reißenden Flüsse dauernd verändert.

125 In der Nähe der Ortschaft Kirkjubæjarklaustur liegen Basaltklippen, die einst die Südküste Islands bildeten. Vereinzelt gibt es von der Brandung ausgehöhlte Strandterrassen. Sie liegen heute ca. 100 Meter über dem Meeresniveau, eine Tatsache, die darauf zurückzuführen ist, daß die Landmassen durch das Abschmelzen der gewaltigen Eisflächen der letzten Eiszeit vom Druck entlastet wurden und sich aus dem Meer erhoben. Der hier abgebildete Wasserfall gehört – wie auch der Skóga- oder der Seljalandsfoss – zu der Gruppe der Kliffwasserfälle. Die mit Moos bewachsenen Lavaflächen und Pseudokraterformen im Vordergrund entstanden wahrscheinlich bei einem historisch belegten Ausbruch im Jahre 934.

126 Etwa 10 Meter tief stürzen die Wassermassen des Flusses Skjálfandafljót über Lavablöcke hinab und bilden den Wasserfall Goðafoss. Die Laven wurden aus dem Schildvulkan Trölladyngja gefördert, der rund 100 Kilometer landeinwärts liegt. Ihr Alter wird auf ca. 8000 Jahre datiert.

127 Das klare Wasser des Ófærufossar, eines Wasserfalls an der Nordwestflanke der Eruptionsspalte Eldgjá, stürzt in zwei Kaskaden in die Tiefe. Im Laufe der Zeit entstand durch die Erosionskraft des Wassers die Basaltbrücke im unteren Bildteil. Anfang 1993 ist sie in sich zusammengebrochen.

128 Der Svartifoss im Nationalpark Skaftafell, der auf der Südseite des Vatnajökull liegt, ist einer der schönsten Wasserfälle Islands. Säulige Basaltstrukturen bilden seinen Fallmacher.

129 Weit ausgedehnte, flache Sand- und Lavawüsten kennzeichnen das Landesinnere. Nur wenige Kilometer entfernt von Herðubreiðarlindir, einer kleinen Oase mit Quellwasser und etwas Vegetation, liegt die hier abgebildete ausgeprägte Steinwüste. Während die feinen sandgroßen Gesteinspartikelchen vom Wind abtransportiert werden, bleiben die größeren rundgeschliffenen Steine liegen. Aus dieser Landschaft erhebt sich der Tafelvulkan Herðubreið mit einer Höhe von etwa 1000 Metern. Im rechten Bildhintergrund ist der 1180 Meter hohe, aus dünnflüssigen Laven aufgebaute Schildvulkan Kollóttadyngja zu sehen.

130, 131 Die mit Schnee bedeckten Berge der Abb. 130 gehören zu dem Thermal- und Rhyolithgebiet am Kerlingarfjöll. Die großen Geschiebeblöcke auf beiden Aufnahmen wurden vom Gletschereis transportiert und abgelagert. Die Gegend wurde in den Sagas nach dem Geächteten Grettir dem Starken benannt und heißt »Grettistak«.

132 Von dem 110 Meter hohen, aus Pillow-Laven und Palagonit-Gestein aufgebauten Felsblock Dyrhólaey verläuft in westlicher Richtung eine für den Süden Islands typische Sanderküste. Am Fuße des Gletschers Eyjafjallajökull liegen einige Bauernhöfe und Felder.

133 Die Luftaufnahme zeigt aus der Vogelperspektive einen Teil des über 1000 Quadratkilometer großen Skeiðarársandur. Eine schmale, kilometerlange Sandbank wird mehrfach von reißenden Gletscherflüssen durchbrochen: Schmutzig-hellgraue Schwebstoffahnen breiten sich auf einer Fläche von vielen Quadratkilometern im Atlantik aus. Zur Zeit halten sich Aufschüttung und Abtragung des Gesteinsmaterials das Gleichgewicht.

subglaziale See in den Grímsvötn. Bei einer Anzahl von Seen handelt es sich um Abdämmungsseen. Glaziale Ablagerungen, d. h. Moränenformationen, sowie auch Bergstürze und Lavaströme riegeln das Wasser ab und stauen es zu Seen auf. So entstand vor ca. 3200 Jahren der Mývatn, als gewaltige Lavaströme aus dem Schildvulkan Ketildyngja ausflossen. Der Flóðið im Norden, unweit der Stadt Blönduós, wurde durch einen Bergrutsch verursacht.
Einem unaufhörlichen Wandel unterliegen auch die Sander im Bereich der Südküste, eintönige, mit Schotter, Geröll und Sand aufgefüllte Gebiete. Gegen Ende der letzten Eiszeit, vor rund 10000 Jahren, erreichte der Meeresspiegel im Umfeld von Island seinen höchsten Stand, mit dem Ergebnis, daß sich die Küstenlinien verlagerten. Spuren der einstigen Südküste z. B. sind heute weit landeinwärts, d. h. nördlich der derzeitigen Küste, zu finden. Typische Zeichen dieser veränderten Lage sind die von der Brandung vor langer Zeit ausgehöhlten Basaltklippen. Solche Brandungskehlen und Terrassen, die den Verlauf der alten Strandlinien markieren, liegen jetzt bis zu 100 Metern über dem Meeresspiegel.
Bald jedoch begannen die gewaltigen Eismassen des Búðajökull-Stadiums abzuschmelzen. Die Folge war, daß ähnlich wie in Skandinavien die Landmassen langsam vom Druck des Eises entlastet wurden und allmählich aus dem Meer aufsteigen konnten. In den folgenden Jahrhunderten wurden dann die Sanderebenen aufgebaut. Die Gletscherflüsse beförderten riesige Mengen von Schotter, Geröll, Kies und Sand in das südliche Küstenvorland und lagerten sie dort ab. Auch heute noch füllen die zahlreichen, reißenden Flüsse und Gletscherläufe immer wieder die weiten Sanderflächen mit Schwemm- und Geröllmaterial auf. Insgesamt wird die Schuttanhäufung an der Südküste auf etwa 50 Millionen Tonnen pro Jahr geschätzt. Die tatsächliche Akkumulation dürfte aber erheblich größer sein, da die von den häufig auftretenden Jökulhlaup verursachten Ablagerungen noch hinzukommen. Gegenwärtig halten sich die Schutt- und Sandzufuhr der Flüsse und die dann folgende Abtragung durch die Meeresbrandung ungefähr die Waage, so daß die Küstenlinie kaum ihre Lage verändert. Die Sanderflächen haben nur eine geringe Neigung. Messungen auf dem größten Sander, dem Skeiðarársandur, ergaben z. B., daß sein Gefälle lediglich 5 Meter auf einer Strecke von 1 Kilometer beträgt. Dies hat zur Folge, daß sich die Flüsse ständig verlagern und neue Wege suchen. Ebenen wie der Skóga-, Sólheima-, Mýrdals-, Meðallands-, Skeiðarár- und Breiðamerkursandur bestimmen den Charakter der Südküste. Ihr

Saum verläuft glatt und ohne Einschnitte. Die der Küste vorgelagerten Bereiche sind flach. Das Meer wird von Untiefen durchzogen. Auf einer Entfernung von rund 350 Kilometern gibt es zwischen den Städten Þorlákshöfn und Höfn daher keinen einzigen Hafen. Die Südküste bildet einen starken Kontrast zu den übrigen Küstenregionen Islands. Im Nordwesten, Norden und Osten sind die Fjorde tief in die Basaltschichten eingebettet. Hier bieten Flußmündungen und Buchten den Schiffen Schutz; Städte, Ortschaften und Siedlungen sind entstanden.

Nicht nur im Küstenvorland, sondern auch im Inneren des Landes erstrecken sich endlose Stein- und Sandbereiche zwischen den Gletschern Lang-, Hofs- und Vatnajökull und bedecken Tausende von Quadratkilometern. Diese von keinem Menschen bewohnten Inlandwüsten sind fluvioglazialen Ursprungs. Während ihres allmählichen Rückzugs ließen die Eismassen Gestein und Schutt zurück, Schmelzwässer und Gletscherflüsse überschütteten das Hochland mit Geröll und Sand. Aber auch ausgedehnte Lava- und Aschefelder, die von postglazialen Vulkanen gebildet wurden, durchziehen diese Regionen. Es handelt sich hier nicht um aride Bereiche im üblichen Sinne, die durch große Hitze ausgetrocknet wurden. Die Bezeichnung »Wüste« bringt vielmehr den leeren und wüsten Charakter dieser Landschaft zum Ausdruck.
Gemeinsam ist beiden die Vegetationsarmut, die in Island nicht nur von kühlen Temperaturen und heftigen Winden verursacht wird. Das geringe Wachstum ist auch dadurch bedingt, daß die oft starken Niederschläge sofort durch die durchlässigen Stein- und Sandschichten sickern.
Die Inlandwüsten breiten sich heute über ein Areal von rund 30000 Quadratkilometern aus. Dies entspricht etwa 30 Prozent der Gesamtfläche Islands. Über einen großen Teil des Jahres hinweg ist das Landesinnere infolge seiner relativ hohen Lage von 600 bis 700 Metern über dem Meeresspiegel meist mit Schnee bedeckt und nur in einem verhältnismäßig kurzen Zeitraum von wenigen Monaten zu erreichen. Eine Wanderung durch das Ódáðahraun z. B. ist beeindruckend, kann aber auch gefährlich sein. Heftige, orkanartige Stürme werden von Regengüssen begleitet, über Tage hinweg sind die Hochebenen wolkenverhangen. Die schwarzen Lavagesteine und Sande vermitteln den Eindruck völliger Einsamkeit. Nicht umsonst erhielt dieses Gebiet den Namen »Missetäterwüste«, denn hierhin flüchteten sich einst die vom Althing verurteilten und geächteten Menschen.

Ausdruck einer Landschaft

Basalte und Lavadecken

Zu mehr als 90 Prozent baut sich Island aus Effusiv- oder Ergußgesteinen der jüngeren geologischen Erdgeschichte auf. Überwiegend handelt es sich dabei um Basalte, die auch flächenmäßig die größte Einheit darstellen und fast das ganze Land bedecken. Sie bestimmen das Gesicht Islands und prägen seine Formen.

Noch vor zwei Jahrzehnten herrschte die Meinung vor, daß während des Tertiärs weite Gebiete des nordatlantischen Raums einheitlich von mächtigen Basaltdecken überzogen wurden. Sie sollen sich – so war die Ansicht – auf ein mindestens eine Million Quadratkilometer umfassendes Gebiet verteilt haben, das lange Zeit als Thule-Basalt-Areal oder Britisch-Arktische Basaltprovinz verstanden wurde. Diese Dekken aus Plateau- oder Flutbasalten, die auch Trappbasalte genannt werden – ein Begriff aus dem schwedischen Bergbau für die treppenartige Anordnung der Lagen –, treten in großen Komplexen auf, so an der West- und Ostküste von Grönland, auf Island, den Färöer Inseln, in Irland und in Schottland. Mit einem vor nicht allzulanger Zeit entwickelten radiometrischen Verfahren, der Kalium-Argon-Methode, ist es möglich, das absolute Alter von Gesteinen festzustellen. So wurden auch die Plateaubasalte im nordatlantischen Raum untersucht – mit dem überraschenden Ergebnis, daß sehr unterschiedliche Werte gemessen wurden: Auf Grönland, in Schottland und in Irland liegt das Alter der Lagen bei ca. 50 bis 60 Millionen Jahren, auf Island dagegen »nur« bei 15 bis 20 Millionen Jahren. Mit anderen Worten, Island ist geologisch gesehen ein wesentlich jüngeres Land.
Diese Erkenntnisse und die Zusammenhänge der jetzt allgemein akzeptierten Theorie von der Kontinentaldrift stellen klar heraus, daß eine Verbindung zwischen Island und den Basaltprovinzen, wie z. B. in Grönland und Schottland, nicht bestanden haben kann. Heute wird

vielmehr die Auffassung vertreten, daß die Dehnungen und Driftbewegungen im Nordatlantik immer wieder massive, flächendeckende Lavaausflüsse aus Spaltensystemen und Zentralvulkanen verursachten und die Plateaubasalte auseinanderrissen.

Die mehrere Kilometer mächtigen Plateaubasalte sind aus unzähligen, schichtweise übereinandergelagerten Lavaergüssen aufgebaut. Sie wurden von Eruptionen in der schmalen, das Land durchquerenden Vulkanzone gebildet und später infolge der Driftbewegung in den Nordwesten, Norden und Osten verlagert, wo sie heute zu finden sind. Die Bewegung erfolgte aber nicht nur in horizontaler Richtung: Durch ihr großes Eigengewicht sanken die Basaltschichten ab, und zwar am stärksten dort, wo sie am mächtigsten waren, d.h. nahe der Vulkanschlote. Auf diese Weise sind heute die einst horizontalen Decken leicht verkippt und zu der vulkanischen Zone hin geneigt, aus der sie ursprünglich stammten. So neigen sich weitgehend die Basaltschichten in Westisland nach Osten und die Lavaergüsse im Osten des Landes nach Westen. Dieser Prozeß, beginnend mit dem kontinuierlichen Auseinanderbewegen der Erdkruste, dem Aufbrechen immer neuer Spaltensysteme bis zur Ablagerung und Verkippung der Basaltschichten, ist auch jetzt noch wirksam.
Tektonisch bedingte Spannungen führten in den Basalten zu der Bildung von Rissen und kleinen Spalten, die des öfteren mit aufgestiegenem Magma gefüllt sind. Derartige Gänge treten vor allem in den tief eingeschnittenen Fjorden der Ostküste, wie z.B. am Reyðarfjörður, auf. An anderen Stellen wiederum sind in den Basaltdecken säulige Strukturen zu erkennen, die durch das Zusammenziehen der Lavadecken im Verlauf der Abkühlung entstanden, so daß Schwundrisse gebildet wurden. Ihre Entwicklung ist also nicht auf einen Kristallisationsvorgang zurückzuführen. Die Säulen stehen senkrecht zu der Abkühlungsfläche und können je nach Mächtigkeit der Basaltschichten unterschiedliche Höhen erreichen.
Daß zwischen den Lavaausflüssen längere Ruhephasen geherrscht haben müssen, zeigen u.a. die Surtarbrandur-Kohleschichten im Nordwesten, die in den Basaltdecken lagern. Sie zählen zu den ältesten, fossilführenden Sedimentschichten Islands und geben Aufschluß über die tertiäre Pflanzenwelt. Sie deuten darauf hin, daß damals zumindest zeitweilig viel mildere Klimabedingungen gegeben waren. Die Mächtigkeit der einzelnen Lagen ist sehr gering und beträgt nur wenige Dezimeter. Die Vielfalt der versteinerten Pflanzen aber ist

135

136

137

138

139 ►

140

141

142 ►

143

144

134 Die Landschaft zwischen den Fjorden Skaga- und Eyjafjörður im Norden wird von zahlreichen, aufeinandergeschichteten horizontalen Basaltlagen tertiären Alters geprägt. Die Gletscher formten tief eingeschnittene Täler – wie hier das Svarfaðardalur. Die Basaltvorkommen erreichen Höhen von 1000 bis 1200 Metern über dem Meeresspiegel. Auch in den Sommermonaten bleiben kleine Restgletscher oder Firnlagen in den Karen erhalten. Die Basaltlagen sind mit einer dünnen Auflage von Neuschnee bedeckt, wie diese September-Aufnahme verdeutlicht.

135, 136 Die Aufnahme 135 entstand im Vulkangebiet des Hreðavatn. Nach Osten zeigt sie jenseits des Flusses Norðurá die Basalte des Grjóthals und die Gletscher Eiríks- und Langjökull. Horizontal gelagerte Basaltschichten wie in der Abbildung 136 kommen immer wieder in den verschiedensten Landesteilen vor. Sie haben sich aus Hunderten von einzelnen Lagen tertiärer Flut- oder Trappbasalte aufgebaut.

137 Vom Torhügelfelsen Dyrhólæy aus können in östlicher Richtung die viele Meter mächtigen, horizontal gelagerten Basaltschichten beobachtet werden. Hinter ihnen erstreckt sich eine große Nehrung. Einige wenige Felder und Bauernhöfe kennzeichnen diesen Bereich im Süden des Landes.

138 Gewaltige Gletscherausschürfungen bildeten während der letzten Eiszeit Fjorde und Trogtäler an der Ostküste. Die z.T. glattgeschliffenen Basaltschichten wurden hier im Tal Breiðdalur u.a. durch tektonische Vorgänge zur neovulkanischen Zone hin verkippt.

139 Mit 206 Kilometern ist die Jökulsá á Fjöllum der zweitlängste Gletscherfluß Islands. Sie kommt vom Vatnajökull und mündet im Norden in den Axarfjörður. Im Laufe der Jahrtausende formte die Erosionskraft des Wassers diesen Cañon, der in der Nähe des Wasserfalls Hafragilsfoss in Süd-Nord-Richtung von der Störungszone des Sveinar-Grabens durchquert wird.

140 Die glazial überprägten Flutbasalte in der Nähe des Hreðavatn im Westen der Halbinsel Snæfellsnes sind gut auf der Luftaufnahme zu erkennen. Sie werden von langgestreckten Bruchsystemen, vor allem in Ostsüdost–Westnordwest- und auch in Südsüdwest–Nordnordost-Richtung, durchzogen. Der im rechten Bildhintergrund sichtbare See Langavatn paßt sich dieser tektonisch vorgegebenen Orientierung an.

141 Die tertiären Flutbasalte Ostislands werden vielfach von Gangsystemen durchschnitten. Diese bis zu einigen Metern breiten Gänge können über viele Kilometer hinweg im Gelände beobachtet werden und sind meistens nahezu senkrecht zu den Basaltlagen angeordnet. Es handelt sich hierbei um basaltisches Füllmaterial in Klüften und Rissen. Die Aufnahme entstand am Öxi, einem glazial ausgeschürften U-Tal, das zum Berufjörður führt.

142 Der hier abgebildete Bergrücken liegt zwischen den Fjorden Hval- und Borgarfjörður. Seine ca. 10 Meter mächtigen Einzellagen wurden vor allem durch tektonische Bewegungsvorgänge aus ihrer ehemals horizontalen Lage verkippt. Am Fuß des Berges liegen landwirtschaftlich genutzte Felder, während in den höheren Regionen nur etwas Moos wächst.

143 Nur wenige hundert Meter östlich des Friedhofs der Ortschaft Kirkjubæjarklaustur liegen gleichmäßig ausgeprägte säulige Basalte. Diese Stelle heißt »Kirkjugólf« oder Kirchenboden, eine Bezeichnung, die den Charakter dieses »gepflasterten« Bodens treffend wiedergibt.

144 Meterhohe, säulenartig ausgebildete Basaltlagen säumen den cañonartigen Einschnitt des Gletscherflusses Jökulsá á Fjöllum. Sie erhielten ihre Formen während des langsamen Abkühlungsprozesses. Die Säulen sind meist senkrecht zur Abkühlungsfläche in dicht aneinandergereihter Folge angeordnet. Klares Quellwasser mündet in die reißenden, braun-gelben Fluten der Jökulsá.

beachtlich. So wurden in der Surtarbrandsgil-Schlucht, bei Brjánslækur und anderen Stellen Reste von mehr als 50 Arten gefunden, überwiegend Fichtennadeln, Blätter und Zweige von Erlen, Birken, Weiden, Mammut- und Tulpenbäumen – ein Zeichen, daß die Vegetation dichter und die Lebensbedingungen wesentlich günstiger gewesen sein müssen, als das heute in diesen Gebieten der Fall ist.
Ein Wort zu der Zusammensetzung von Effusiv- oder Ergußgesteinen: Sie sind überwiegend aus Silikatmineralen nebst Quarz aufgebaut. Vereinfacht dargestellt: Bei der Abkühlung des Magmas kristallisieren sich an erster Stelle Magnesium-Eisen-Silikate wie Olivin oder Pyroxen aus, während sich der Quarz als letztes, also jüngstes Gesteinsmaterial abscheidet. Die Eruptivgesteine werden nach kieselsäurearmen und -reichen Silikaten unterschieden. In der ersten Gruppe treten an Mineralen überwiegend Olivin, Pyroxene, Amphibol sowie Biotit und in der zweiten vorrangig Feldspäte, Feldspatvertreter, Muskovit und Quarz auf. Je nach Anteil der Hauptgemengteile wird dann von einem andesitischen Basalt, Dazit, Rhyodazit, Rhyolith, Trachit oder einem Alkalitrachit gesprochen, um nur einige Arten zu nennen. Während nahezu alle postglazialen Gesteine in Island basisch sind, beläuft sich der Anteil der intermediären und der sauren Gesteine nur auf etwa 10 %.
Petrographische Untersuchungen haben gezeigt, daß auf Island verschiedene postglaziale basaltische Gesteine vorkommen. Sie lassen sich in drei Hauptgruppen einteilen, und zwar in Alkali-Olivin-Basalte, Übergangs-Alkali-Basalte und Tholeyite. So gibt es Alkali-Olivin-Basalte in einem Bereich, der sich von den Westmännerinseln bis zum Gletscher Mýrdalsjökull erstreckt, und auf Snæfellsnes. Während die Übergangs-Alkali-Basalte zwischen dem Mýrdalsjökull und der Laki-Spalte auftreten, sind Tholeyite auf der Halbinsel Reykjanes bis zum Gletscher Langjökull und im Norden vom Vatnajökull bis zum Axarfjörður zu finden. Insgesamt beläuft sich auf Island der Anteil der Tholeyite postglazialen Alters an dem Gesamtvorkommen dieses Zeitabschnittes auf rund 75 Prozent. Die tertiären Basaltformationen liegen im Osten, Nordwesten und überwiegend im Norden des Landes, Gebiete, denen vor allem die Gruppe der Tholeyite zuzuordnen ist. Eine Aufteilung der tertiären, quartären und postglazialen Basalte ist aus Abb. a ersichtlich.

Wenn Islands Landschaft auch sehr stark von den weit ausgedehnten, dunklen Basaltflächen geprägt wird, so fehlt es doch nicht an Ge-

steinsarten und Mineralen, die das oft eintönige Bild aufhellen und ihm Form und Farbe verleihen. Vor allem gilt dies für den Rhyolith, ein saures Gestein vulkanischer Herkunft. In gewissem Umfang tritt er in Form von Stau- oder Quellkuppen auf; typische Beispiele sind die Baula im Westen und der Hlíðarfjall in der Nähe des Sees Mývatn. Vor allem aber kommt der Rhyolith in großen Komplexen in den Hochtemperaturgebieten vor – meist in Verbindung mit schwarzem, glasigem Obsidian, der sich bei schneller Abkühlung aus der kieselsäurereichen Lava bilden konnte. So gibt es in dem größten Areal am Torfajökull gleichzeitig pleistozäne Rhyolithe und mehrere postglaziale Obsidianströme, wie das Hrafntinnuhraun, das Dómadalshraun, oder die Vorkommen am Hrafntinnusker und bei Landmannalaugar. Hrafntinna bedeutet auf isländisch Rabenstein oder Obsidian und hraun Lavafeld. Die hydrothermale Zersetzung dieser Rhyolithgesteine läßt in den Hochtemperaturgebieten eine Farbskala entstehen, die von Gelb, Braun und Rot bis zu grünlichen Tönen reicht.
Ein weiteres, für Island charakteristisches Gestein ist der Palagonit – ein gelblich-grünes, braunes oder auch orangefarbenes Basaltglas, das im Pleistozän gebildet wurde und vulkanisch-submarinen bzw. -subglazialen Ursprungs ist. Es besteht aus Hyaloklastit, einer Masse winziger Bruchstücke aus Gesteinsglas. Der Palagonit, in Island móberg genannt, ist in der neovulkanischen Zone, auf der Halbinsel Snæfellsnes, besonders gut ausgeprägt bei Þorsmörk an der Südküste, und auf den Westmännerinseln zu finden.
Die Bezeichnungen einiger Gesteine bzw. Minerale zeigen schon, wie eng die Verbindung zu Island ist. Isländischer Achat z. B. gehört wie Jaspis und andere Modifikationen zu der Gruppe der Chalzedone, die vielfach in Basalthohlräumen vorkommen. Bereits 1669 befaßte sich der Gelehrte Erasmus Bartholinus mit den Eigenschaften des isländischen Doppelspat, des Calcit oder Kalkspat, den er als »doppelbrechenden isländischen Kristall« bezeichnete. Lange Zeit war das Vorkommen von Helgustaðanáma am Reyðarfjörður im Osten des Landes die einzige Abbaustelle dieser Art; sie mußte noch vor dem Ersten Weltkrieg stillgelegt werden. Der dort gewonnene isländische Doppelspat wurde zur Herstellung von Polarisationsprismen, den sogenannten Nicol'schen Prismen, verwendet.

Schließlich ist eine weitere Gruppe von Mineralen zu nennen, die schon deshalb von Bedeutung ist, weil sie u. a. Rückschlüsse auf die Temperaturverhältnisse in den Basalten zuläßt. Es sind die Zeolithe, wasserhaltige Kalktonerde- oder Alkalitonerde-Silikate, die ähnlich wie Chalzedon vornehmlich in den Hohlräumen jungvulkanischer Gesteine, meist Basalte, auftreten, und zwar als faserige, strahlige, stengelige oder kugelförmige Aggregate. Zeolithe sind weiß bis farblos, manchmal aber durch Beimengungen gefärbt. Sie kommen an der gesamten Ostküste, besonders im Gebiet des Fjordes Berufjörður, vor.

Wieder andere Minerale spielen in Island eine weniger bedeutende Rolle. So treten Gipse und Alaune nur in den Thermalgebieten auf, und auch die Vorkommen von Kupferkies und würfeligem Pyrit sind relativ gering.

Die dunklen, monotonen Basalt- und Lavadecken, die Vielfalt der vulkanischen Gesteine und Minerale bilden Kontraste, wie sie nur selten auf so engem Raum anzutreffen sind. Sie sind Ausdruck der isländischen Landschaft.

145

146

147

148

149

150

152

153

◄ 151
► 154

155

156

Thulé
GROENLAND
PLATEAU CONTINENTAL
ZONE DE FRACTURE DU GROENLAND
DORSALE DE MOHNS
ILE DE L'OURS
— 54 m
— 130 m
BAIE DE BAFFIN
— 2 460 m
DE BAFFIN
ZONE DE FRACTURE DE JAN MAYEN
ILE JAN MAYEN
DORSALE DE KOLBEINSEY
Z.F. DE SPAR
CRÊTE DE JAN MAYEN
PLAINE ABYSSALE DE DUMSHAF
— 3 200 m
PLATEAU VORING
MONT FOREL 3 383 m
ISLANDE
Reykjavik
SCANDINAVIE
Helsin
— 2 340 m
DORSALE DE REYKJANES
ILES FÆROE
ILES SHETLAND
MER DU NORD
— 235 m
Oslo
Stockholm
CANYON MÉDIO-OCÉANIQUE
CAP FAREWELL
SEUIL DE ROCKALL
Copenhague
MER BALTIQUE
LABRADOR
— 2 853 m
Dublin
BANC DE PORCUPINE
Londres
Amsterdam
Berlin
Varsov
ZONE DE FRACTURE GIBBS
— 4 500 m
— 1 370 m
Bruxelles
Prague
CARPATES
MANCHE
Paris
Vienne
LE ST LAURENT
TERRE-NEUVE
BONNET FLAMAND
— 12 m
GRANDS BANCS
— 102 m
PIC MILNE
PLAINE ABYSSALE DE BISCAYE
— 4 770 m
Berne
MONT BLANC 4 807 m
ALPES
LE DANUBE
Belgrade
Bucarest
NORD ATLANTIQUE
CREUX DE PEAKE ET FREEN
PYRÉNÉES
CONE DU RHONE
Rome
— 4 m
CONE DU ST-LAURENT
— 4 760 m
Madrid
Lisbonne
Athènes
CANYON DE L'HUDSON
PLAINE ABYSSALE DE SOHM
Z.F. DE PICO
ILES AÇORES
CRÊTE DU FER A CHEVAL
— 2 850 m
MEDITERRANÉE
FOSSE HELLÉNIQUE
CHAINE KELVIN
ZONE DE FRACTURE OCÉANOGRAPHER
PIC AMPÈRE
— 55 m
Alger
Tunis
— 5 115
DÔME DES BERMUDES
ILES BERMUDES
— 4 890 m
Rabat
MONTS ATLAS
— 3 320 m
PLAINE ABYSSALE HATTERAS
ZONE DE FRACTURE ATLANTIS
PIC CRUISER
— 291 m
PIC DU GRAND METEORE
— 447 m
ILE MADÈRE
DJEBEL TOUBKAL 4 167 m
Tripoli
— 5 445 m
ILES CANARIES
PLAINE ABYSSALE DES CANARIES
DÉSERT
SAHARA
PLAINE ABYSSALE DE NARES
— 1 390 m
ZONE DE FRACTURE DE KANE
HOGGAR
FOSSÉ DE PORTO-RICO
— 6 000 m
DORSALE
— 5 508 m
TIBESTI
EMI KOUSSI 3 406 m
— 8 385 m
HAITI
TANEZROUFT
ILES ANTILLES
ILES DU CAP VERT
LE NIGER
TENERE
— 5 125 m
PLAINE ABYSSALE DE DEMERARA
PLAINE ABYSSALE DE GAMBIE
Dakar
Niamey
LAC TCHAD
N'Djemena
ZONE DE FRACTURE DE VEMA
Caracas
L'ORÉNOQUE
— 4 800 m
SEUIL DE SIERRA-LEONE
AFRIC
MONT CAMEROUN
— 170 m
CONE DE L'AMAZONE
PLAINE ABYSSALE DE CEARA
Abidjan
Accra
Lagos
ILE FERNANDO PO
Douala
ZONE DE FRACTURE DE ST PAUL
— 4 435 m
RIDE D'ACCRA
RIDE NORD BRÉSILIENNE
ZONE DE FRACTURE DE LA ROMANCHE
— 5 050 m
LE CONGO
L'AMAZONE
PLAINE
ZONE DE FRACTURE CHAIN
Kinshasa

145 Ablagerungen von Kieselsinter und Schwefel in Lýsuhóll auf Snæfellsnes.

146 Frostsprengung im Gestein.

147 Blasenreiches Lavastück mit Oxydationsbelägen aus der Askja.

148 Ausblühungen an einer frischen Lava auf der Insel Heimaey.

149 Trockenrisse an tonigen Ablagerungen in Námaskarð.

150 Palagonit aus der Gegend von Kaldidalur.

151 Das in nordöstlicher Richtung aufgenommene Luftbild zeigt den Skálafellsjökull, einen Talgletscher des Vatnajökull, in der Nähe der Stadt Höfn im Südosten Islands. Die tertiären Flutbasalte sind als Folge der Schürfkraft der Gletscherzungen durch zahlreiche Taleinschnitte zerteilt. Abgeschliffene Basaltlagen und abgelagerte glatte Basaltblöcke kennzeichnen das periglaziale Vorfeld.

152 Das Luftbild – aufgenommen im Nordwesten Islands – zeigt den Fjord Hestfjörður auf der Südseite des großen Isafjörður. Exemplarisch sind die bis zu einer Höhe von 300 Metern über dem jetzigen Meeresspiegel liegenden Basaltschichten von der enormen Schürfkraft der einstigen Gletscher trogartig freigelegt worden. Im Bildhintergrund sind die schneebedeckten, ca. 700 Meter hohen tertiären Basaltlagen des nordwestlichen Bereichs der Halbinsel zu erkennen.

153 Dieses typische Trogtal, Hringsdalur, befindet sich in der Nähe der Ortschaft Bildudalur am Arnarfjörður im Nordwesten des Landes. Es zeigt aus der Vogelperspektive gesehen deutlich Spuren des glazialen Geschehens. Bis zu 660 Meter ragen die nahezu horizontal geschichteten Basalte aus dem Meer. Grundmoränenmaterial und Hangschutt füllen den Talboden.

154 Die Luftaufnahme wurde 1986 aus einer Flughöhe von 1500 Metern in der Nähe der Ortschaft Bolungarvík im Nordwesten Islands gemacht. Sie zeigt in südöstlicher Richtung horizontal gelagerte tertiäre Flutbasalte, die bis zu einer Höhe von ca. 700 Metern über dem Meeresspiegel liegen. Sie sind an vielen Stellen durch die Gletscherkraft stark eingeschnitten und ausgeschürft worden. Ihre Mächtigkeit beträgt durchschnittlich jeweils 10 Meter. Deutlich sind die einzelnen Kare und Trogschultern zu erkennen.

155 Die Luftaufnahme zeigt den Wasserfall Fjallfoss oder auch Fynjandi genannt. Klares Bergwasser vom nur wenige Kilometer entfernten ehemaligen Gletscher Gláma stürzt über die treppenartigen Basaltschichten herab. Sie zeigen, daß hier kaum tektonische Bewegungen stattgefunden haben. Die Wassermassen des Fjallfoss münden in den nur wenige hundert Meter entfernten Borgarfjörður, einem Nebenarm des Arnarfjörður im Nordwesten Islands.

156 Die bis zu 10 Meter dicken Basaltschichten kommen deutlich in dieser Luftaufnahme vom September 1985 zum Ausdruck. An den steil abfallenden Wänden wirkt sich die Erosion aus: Tiefe Rinnen durchschneiden – sich laufend verändernd – das bis in das Tal reichende Lockermaterial. Hangrutsch und Schuttfächer sind typisch für dieses Gelände nördlich des Berges Skarðheiði bei Borgarnes.

157 Nach eingehenden Untersuchungen während der letzten Jahrzehnte, die umfassendes, neues Datenmaterial lieferten, kann der Verlauf des Mittelatlantischen Rückens (MAR) praktisch lagegetreu rekonstruiert werden. Auf der Reliefkarte kommt deutlich die Riftachse auf dem Kamm des MAR und die für ihn typischen, etwa Ost-West gerichteten Verschiebungszonen zum Ausdruck. Allein Island, Teilstück dieser aktiven Dehnungszone, erhebt sich über den Meeresspiegel.

Erläuterung geowissenschaftlicher Begriffe

Aa-Lava
siehe Lava

Álftanesjökull
zusammenhängende Eisfläche, die einst Island bedeckte und vor rund 12000 Jahren ihre Maximalausdehnung erreichte. Sie wurde nach den auf Álftanes gefundenen Endmoränen benannt.

Alluvium
jüngere Abteilung der Zeitepoche des Quartär, auch Holozän genannt. Sie umfaßt die Periode nach der letzten Vereisung bis zur Gegenwart.

Altersbestimmung
siehe Radiometrie

Apalhraun
siehe Lava

Asche
staubförmige bis feinkörnige Teilchen aus zerfetztem Magma und zerriebenem Gesteinsmaterial, die bei einem Vulkanausbruch in die Luft geschleudert werden.
siehe auch Pyroklastite

Auflösungsvermögen
die Fähigkeit, eng benachbarte Linien oder Elemente eines Bildes so wiederzugeben, daß sie noch deutlich voneinander zu unterscheiden sind. Bei photographischen Aufnahmen z.B. wird die Auflösung mit der maximalen Zahl paralleler Linien ausgedrückt, die auf einem Millimeter deutlich als getrennte Einheiten erscheinen. So hat ein normaler Farbluftbildfilm ein Auflösungsvermögen von etwa 100 Linien pro Millimeter. Bei den Scannersystemen wird das Auflösungsvermögen durch die Größe der Abtastfläche bzw. des Bildelementes (Pixel) bestimmt. Bezogen auf die abgebildete Erdoberfläche beträgt z.B. bei Landsat-Bildern die Größe eines solchen Bildelements 59×78 bzw. 30×30 Meter.

Ausblühungen
farbenprächtige Mineralüberzüge auf Böden und Gesteinen. Sie entstehen durch Verdunstung von Lösungen mit mineralischen Bestandteilen.

Bartholinus, Erasmus
(1625–1698) hatte die Lehrstühle für Mathematik und Medizin an der Universität Kopenhagen inne, befaßte sich mit seinem Werk »Experimenta crystalli islandici disdiaclastici«, erschienen 1669, mit den Eigenschaften des Calcit oder isländischen Doppelspat.

Basalt
weit verbreitetes basisches Ergußgestein. Die Hauptgemengteile in der Grundmasse und in den Einsprenglingen bestehen aus Plagioklas und Pyroxen, außerdem treten Olivin, Alkalifeldspat, Feldspatvertreter, Eisenerz und vulkanisches Glas auf.

Alkalibasalte
enthalten Feldspatvertreter, Alkalipyroxen, Alkaliamphibol und Olivin.

Dolerit
Basaltgestein mit ophitischem, d.h. divergentstrahligem Gefüge.

Graue Stufe
Gruppe von Basalten, die von Schichten mit fluviatilen und glazialen Ablagerungen durchzogen werden. Basalte dieser Stufe sind auf Island vor allem in den Randgebieten der Zentralzone zu finden.

Plateau-Basalt
oder auch Flut- bzw. Trappbasalt ist die Bezeichnung für eine weitausgedehnte horizontale oder sehr flach geneigte Basaltdecke, die von Lavaergüssen aufgebaut wurde. Große Vorkommen gibt es in Island, Indien, Südafrika und Sibirien.

Säulen
werden gebildet, wenn die Lava während eines langsamen Abkühlungsprozesses zusammenschrumpft. Die meist 5- oder 6-kantigen Säulen stehen jeweils senkrecht auf der ursprünglichen Abkühlungsfläche. Bei einem flachen Deckenerguß sind sie in senkrechter Position, bei einem Erguß in Kuppenform dagegen radial ausgerichtet.

Tholeyitbasalte
Gruppe von Basalten, die vornehmlich Plagioklas, Pyroxen und Eisenoxyd-Minerale als Einsprenglinge enthalten. Die Grundmasse ist im allgemeinen glasig. Diese Basalte haben keine oder nur eine geringe Beimischung von Olivin.

Bims
durch Gas schaumig aufgeblähtes, vulkanisches Gesteinsglas von meist heller Färbung, das bei einem explosionsartigen Ausbruch gebildet wurde. Auf Grund seiner großen Porosität kann Bims lange Zeit auf dem Wasser schwimmen.

Block- oder Schollenlava
siehe Lava

Brekzie
Sedimentgestein, bestehend aus kantigen Bruchstücken, die in einer tonigen, kalkigen, kieseligen Grundmasse fest verbacken und eingeschlossen sind. Je nach dem Anteil des eingekitteten Materials wird von Obsidian-, Palagonit- und Tuffbrekzien etc. gesprochen.

Búđajökull
zusammenhängende Eisfläche, die Island vor etwa 11000 bis 10000 Jahren bedeckte.

Bunsen, Robert
(1811–1899) Professor der Chemie; befaßte sich u.a. mit der Zusammensetzung von Gasen; schrieb über gasometrische Methoden, über das isländische Tuffgebirge (1847) und über die Prozesse der vulkanischen Gesteinsbildungen Islands (1851), erfand den Bunsen-Brenner und besuchte 1846 Island, wo er das Geysir-Phänomen wissenschaftlich untersuchte.

Calcit
oder Kalkspat ist ein weitverbreitetes gesteinsbildendes Mineral aus Kalziumkarbonat. Die Kristalle haben besonders schön ausgebildete Formen und sind leicht spaltbar. Wegen seiner Doppelbrechung des Lichtes wird der isländische Spat auch Doppelspat genannt. Er ist durchsichtig und wird zu Polarisatoren (Nicolsche Prismen) verarbeitet.
siehe auch Bartholinus, Erasmus

Caldera
Vulkanischer Kraterkessel, der durch Einsturz oder Explosion entstand. Auf seinem Boden bauen sich oft neue Vulkankegel auf.
siehe auch Krater

Cañon
schluchtartiges Engtal in Gebieten mit horizontal gelagerten Gesteinsschichten. Die Erosion des fließenden Wassers übt eine sehr starke Tiefenwirkung bei der Bildung des Einschnitts aus.

Diluvium
ältere Abteilung des Quartärs, auch Pleistozän genannt.

Dolerit
siehe Basalt und Hreppar-Serie

Dragá
Bezeichnung für einen Flußtyp, der vor allem von oberflächlich abfließendem Wasser gebildet wird. Das Niederschlagswasser läuft ohne zu versickern über die harten Basaltlagen ab.

Effussivgestein
siehe Gestein

Eiszeiten
Bezeichnung für Epochen mit starker Vergletscherung und Bildung ausgedehnter Eismassen. Es gab auf Island während des Pleistozän mehrere Folgen.

Erdbeben
plötzliche Erschütterungen des Erdbodens.

Epizentrum
Ort der stärksten Bewegung an der Erdoberfläche. Er liegt senkrecht über dem Erdbebenherd.

Erosion
Prozeß des Abtragens und Ausnagens auf der Erdoberfläche durch Wasser, Regen, Schnee, Eis und Wind.
siehe auch Verwitterung

Fluviatile Erosion
das Wasser und besonders der von ihm mitgeführte Geröllschutt bearbeiten den Flußboden, vertiefen (Tiefenerosion), verbreitern (Seitenerosion) ihn oder haben wie bei Wasserfällen eine rückschreitende Wirkung. Die Erosionskraft hängt von dem Gefälle und der Menge des Wassers ab.

Gletschererosion
erfolgt durch das sich bewegende Eis und das von ihm transportierte Gesteinsmaterial.

Wind-Erosion
ist gegeben, wenn Boden- und Gesteinsflächen durch windbewegten Sand aus- oder abgeschliffen werden.

Eruption
Ausbruch von flüssigem Magma oder von Gasen aus einem Vulkan. Druck und Menge des Gases sowie die Viskosität und Temperatur des Magmas bestimmen die Heftigkeit einer Eruption. Bei starkem Druck ist sie explosionsartig, bei geringerem Druck gemäßigt oder effusiv.

Linearausbruch
Eruption von Magma aus langen aufgerissenen Spalten. Wird auch Spalteneruption genannt.

Subglaziale Eruption
findet unter dem Eise statt.

Submarine Eruption
findet auf dem Grunde des Meeres statt.

Falschfarbenbilder
werden mit Infrarotfarbfilm hergestellt, der auf die Grün-, Rot- und Infrarotstrahlung reagiert. Die Spektralauszüge können aber auch – wie bei den Landsat-Szenen – jeweils mit bestimmten Farben kodiert, d. h. der grüne Auszug mit blau, der rote mit grün und der infrarote mit rot, und deckungsgleich überlagert werden. In beiden Fällen erscheinen die Bilder nicht in den natürlichen, dem Auge sichtbaren Farben, sondern in Falschfarben. Damit ist es z. B. möglich, den Stand und die Art der Vegetation zu ermitteln, erkrankte Pflanzen und Bäume zu erkennen oder abgeschnittenes Laub von lebendem, gesunden Blattgrün zu unterscheiden.

Feldspäte
wichtige Mineralgruppe, die mit rund 50 % am Aufbau der Erdkruste beteiligt ist. Es sind wasserfreie Alkali- oder Kalk-Tonerdesilikate.
siehe auch Minerale

Fernerkundung
befaßt sich mit der Beobachtung und Identifizierung von Objekten auf der Erdoberfläche oder auf anderen Planeten aus der Luft bzw. aus dem Weltall mit Hilfe moderner Aufnahmesysteme mit hoher Auflösungsmöglichkeit (multispektrale Scanner, Radiometer, Radar- und Lasersysteme, etc.). Die Beobachtung und Identifizierung erfolgen aus großen Entfernungen, d. h. ohne direkten Kontakt zu den Objekten.

Fladenlava
siehe Lava

Fossilien
Überreste vorzeitlicher Organismen. Fossilien, die in bestimmten Schichten vorkommen, die sog. Leitfossilien, tragen dazu bei, die Erdgeschichte zeitlich zu gliedern.
siehe auch Paläontologie, Stratigraphie, Surtarbrandur

Fumarolen
vulkanische Gas-Dampf-Exhalationen aus Spalten. Die Temperaturen können von 200 bis 900 Grad Celsius reichen. In Island sind vor allem die kühleren Fumarolen anzutreffen. Bei niedrigem Dampfdruck kommt es zu Sublimationen, z. B. von Eisenchlorid ($FeCl_3$), Natriumchlorid ($NaCl$), Eisenoxyd (Fe_2O_3).

Geochemie
Wissenschaft von der chemischen Zusammensetzung und den chemischen Veränderungen des Erdkörpers.

Geographie
Erkundung der Erdoberfläche mit ihren vielfältigen Erscheinungen.

Geologie
Wissenschaft von dem Aufbau, der Geschichte und der Zusammensetzung der Erde. Sie umfaßt unter anderem die Spezialgebiete der Tektonik, Paläontologie, der historischen und allgemeinen Geologie, der Petrologie und Geophysik.

Geomorphologie
Wissenschaft von den Formen der Erdoberfläche, ihres Entstehens und ihrer Auswirkungen auf die Gestaltung der Landschaft. Sie ist ein Teilgebiet der Geologie.

Geophysik
Wissenschaft von den physikalischen Erscheinungen und Vorgängen auf, über und in der Erde. Sie ist ein Teilgebiet der Physik.

Geothermische Tiefenstufe
ist die Tiefe in Metern gerechnet, die benötigt wird, um eine Erwärmung in der Erde von 1 Grad Celsius festzustellen. Sie beträgt im allgemeinen in Mitteleuropa 30 Meter pro 1 Grad Celsius. Dieser Wert hängt von dem Wärmefluß, der Leitfähigkeit der Gesteine, dem säkularen Klima, der Bewegung unterirdischer Wässer und anderen Einflüssen ab.

Geowissenschaften
Oberbegriff für alle Wissenschaften, die sich mit der Erde und ihrer Entstehung befassen.

Gesteine
Mineralaggregate mit weitgehend gleichförmiger mineralischer Zusammensetzung, die wesentlich am Aufbau der Erdrinde beteiligt sind. Nach der Entstehung unterscheidet man Magmagesteine, Sedimentgesteine, metamorphe Gesteine.
siehe auch Petrologie

Magmagestein
vulkanisches Gestein aus Magmaschmelze, das nach einer Eruption auf der Erdoberfläche erstarrt. Es wird auch als Effusiv-, Erguß- und Erstarrungsgestein oder als Magmatit bzw. Vulkanit bezeichnet.

Mandelstein
blasenreiches Ergußgestein. Die Blasenhohlräume sind sekundär mit Mineralen, wie Calcit, Zeolithen, Chalzedon ausgefüllt, die schöne Kristallstrukturen aufweisen.

Gesteinsglas
oder Vulkanglas entsteht bei sehr rascher Abkühlung von rhyolithischen Schmelzen. Es verfestigt sich, ohne zu kristallisieren, zu einem amorphen, schwarzen oder grauen, seltener braunroten Gesteinsglas. Ein derartiges nichtkristallines Gesteinsglas ist z. B. der Obsidian.
siehe auch Obsidian

Sedimentgestein
entsteht durch Sedimentation, d. h. durch Verwitterung, Abtransport und Ablagerung. Bei klastischen Sedimenten oder Trümmergestein handelt es sich um mechanisch zerkleinerte, vom Wasser transportierte und abgesetzte Gesteinsteile. Chemische Sedimente entstehen durch chemische Abscheidung. Stammen die Sedimente aus Ablagerungen organischer Stoffe, so spricht man von biogenen oder organischen Sedimenten.
siehe auch Sedimentation

Geysir
natürliche heiße Springquelle, die in periodischen Abständen Dampf und kochendes Wasser ausstößt und nur in vulkanischen Gebieten anzutreffen ist. Die Bezeichnung stammt aus Island.
siehe auch Quellen

Geyserite
oder Kieselsinter sind Ablagerungen in Form von sinterartigen Belägen im Bereich von heißen Quellen und Geysiren.

Glaziallandschaft
Landschaft, deren Formen durch die Einwirkung von Gletschern und Inlandeis geprägt wurden.

Gletscher
Eisflächen in Hochgebirgen und Polarregionen. Das Gletschereis bildet sich oberhalb der Schneegrenze im Nährgebiet, während es im Zehrgebiet, dem unteren Teil einer Eisregion, abschmilzt. Je nach der Gestalt oder der Lage zu dem Nähr- oder Zehrgebiet werden folgende Typen unterschieden:

Gebirgsgletscher
befinden sich in den Alpen und treten im wesentlichen nur in den Firnmulden als Kar-, Hang- oder Hängegletscher auf.

Inlandeis
ausgedehnte, zusammenhängende Eismas-

sen in den polaren Gebieten, die bis zu den Küsten reichen.

Plateau-Gletscher
flache, plateauartige Eisflächen mit vielen randlichen Gletscherzungen. Typisch für Island sind der Vatna, Hof-, Lang- und Mýrdalsjökull.

Gletschertrübe
feinst zerriebenes Gesteinsmaterial, das die Gletscherflüsse und Bäche mit sich führen. Sie wird auch als Gletschermilch bezeichnet.

Gletscherzunge
schmaler, meist durch seitliche Einengung eingefaßter, langgestreckter Auslauf eines Gletschers.

Helluhraun
siehe Lava

Holozän
jüngere Abteilung des Quartärs, die bis in die Gegenwart reicht und auch Alluvium genannt wird.

Hreppar-Serie
Plio-plestozäne Gesteine zwischen den beiden Streifen der neovulkanischen Zone im Süden Islands.

Hyaloklastit
besteht aus Bruchstücken von Gesteinsglas, die aus der Kruste von Pillow-Laven entstanden sind.
siehe auch Palagonit und Pillow-Lava

Hydrothermale Zersetzung
durch heiße Gase und wässerige Lösungen können in den Thermalgebieten Gesteine und Mineralien zersetzt werden.

Inlandeis
siehe Gletscher

Interglazial
Zeitabschnitt mit wärmerem Klima, der zwischen zwei Kalt- oder Eiszeiten liegt.

Jökulhlaup
gewaltige Wassermassen, auch Gletscherläufe genannt, die in Island durch einen unter dem Eis erfolgten Vulkanausbruch oder durch das Auslaufen eines gestauten, subglazialen Gletschersees freigesetzt werden.

Jökulsá
isländische Bezeichnung für einen Gletscherfluß. Sein Name enthält meist einen Hinweis auf seinen Ursprung, wie z. B. Jökulsá á Fjöllum.

Kalium-Argon-Methode
siehe Radiometrie

Kohlenstoffmethode
siehe Radiometrie

Kontinentalverschiebung
Alfred Wegener begründete erstmals 1912 die Theorie von der Kontinentaldrift, nach der die Kontinente sich im Laufe der Erdgeschichte auseinanderbewegen.
siehe auch Wegener, Alfred

Krater
Trichter oder kesselförmige Mündung eines Eruptionsschlotes eines Vulkans. Es gibt verschiedene Typen wie z. B.:

Explosionskrater
Maar-ähnlicher Krater, der durch hohen Gasdruck entstanden ist.

Pitkrater
trichterförmiger Krater an der Spitze eines Schildvulkans.

Pseudokrater
bildet sich, wenn ein Lavastrom über einen wasserreichen Untergrund fließt. Das verdampfende Wasser reißt die Lavaschicht explosionsartig auseinander.

Landsat
NASA-Erkundungssatellitensystem, zunächst ERTS (**E**arth **R**esources **T**echnology **S**atellite) dann Landsat genannt. Landsat -1 startete am 23. 7. 1972, Landsat -2 am 22. 1. 1975, Landsat -3 am 5. 3. 1978, Landsat -4 am 16. 7. 1982 und schließlich Landsat -5 am 1. 3. 1984. Diese unbemannten Satelliten umkreisen die Erde in einer Umlaufbahn von ca. 915 km Höhe. Sie sind mit hoch-modernen Aufnahmesystemen bestückt, welche die von der Erdoberfläche reflektierte und emittierte Strahlung auffangen. So sind die ersten 3 Landsat-Satelliten jeweils mit dem Multispektral-Scanner (MSS) und der Return Beam Vidicon Kamera (RBV) ausgestattet. An Bord von Landsat -4 und -5 befindet sich außer dem Multispektral-Scanner (MSS) auch der Thematic Mapper (TM), ein 7-Kanal-Scanner. Sein Auflösungsvermögen konnte auf 30 × 30 Meter verbessert werden.
siehe auch Satellit und Satellitenbildtechnik

Lapilli
bis walnußgroße, schlackige Lavabrocken, die bei einem Ausbruch aus dem Vulkan geschleudert werden.
siehe auch Pyroklastite

Lava
geschmolzenes Magma, das bei einem Vulkanausbruch mit Temperaturen von ca. 1200 Grad Celsius an die Erdoberfläche gelangt. Je nach der chemischen Zusammensetzung des Magmas gibt es saure Lava mit mehr als 65 % Kieselsäuregehalt, basische Lava mit weniger als 52 % Kieselsäure und intermediäre Lava mit einem Kieselsäuregehalt von 52 bzw. 65 %. Die Lava kann sich zu blasen- und gashaltigem oder dichtem Ergußgestein ausbilden. Folgende Formen sind in Island häufig anzutreffen:

Block- oder Schollenlaven
gehören zu der Gruppe der Aa-Laven (isl. apalhraun). Durch verstärkte Fließgeschwindigkeit oder größeres Gefälle wird die an der Oberfläche bereits weitgehend erstarrte Lava aufgerissen und verkippt. Es entstehen block- oder schollenartige Laven mit scharfen Kanten.

Lavabomben
Lavafetzen aus dünnflüssigem Magma, die aus einem Vulkan geschleudert werden. Während des Fluges erhalten sie durch Rotation eine kugelige, spindelige oder birnenförmige Gestalt. Sie fallen erstarrt zu Boden oder deformieren sich – noch nicht völlig erstarrt – beim Aufschlag am Boden.

Pillow-Lava
oder Kissenlava entsteht bei einem submarinen oder subglazialen Ausbruch. Sie erhält durch Abkühlung ein kissenförmiges Aussehen.

Seil-, Strick- oder Fladenlava
gehört zu der Gruppe der Pahoehoe-Laven (isl. helluhraun). Verlangsamt sich die Fließgeschwindigkeit, so wird die noch nicht völlig erstarrte Oberfläche der Lava von den nachrückenden Ergüssen zu seil- oder strickähnlichen Formen zusammengeschoben, gerollt und gedreht.

Lindá
isländische Bezeichnung für einen Fluß, der klares Quellwasser führt.

Linearausbruch
siehe Eruption

Lockerstoffe
vulkanische Produkte.
siehe Pyroklastite

Maar
durch starke vulkanische Explosion erzeugte rundliche, mit Grundwasser gefüllte Eintiefung. Nach der Explosion lagert sich das Auswurfmaterial wallartig um das Maar.

Magma
Gesteinsschmelze in der Erdtiefe, die neben leichtflüchtigen Bestandteilen, wie z. B. Wasser, als Hauptkomponenten folgende Oxyde enthält: Siliziumdioxyd (SiO_2), Aluminiumoxyd (Al_2O_3), Eisenoxyd (Fe_2O_3), (FeO), Magnesiumoxyd (MgO), Calciumoxyd (CaO), Natriumoxyd (Na_2O), Kaliumoxyd (K_2O).

Magmatismus
umfaßt alle mit dem Magma zusammenhängenden Vorgänge; so spricht man von Plutonismus, wenn sich die magmatischen Prozesse in der Erdtiefe vollziehen und von Vulkanismus, wenn die Prozesse sich an der Erdoberfläche abspielen.

Magmatit
siehe Gesteine

Minerale
oder Mineralien sind anorganische, natürliche Substanzen der Erdkruste. In der Regel kommen sie als Kristalle vor. Sie werden je nach chemischer Zusammensetzung in Elemente, Sulfide, Halogenide, Oxyde und Hydroxyde, Karbonate, Sulfate, Phosphate, Silikate etc. eingeteilt. Von den weit über 2000 Mineralen zählen knapp 200 zu den gesteinsbildenden: Am häufigsten vertreten sind Quarz, Glimmer, Feldspäte, Pyroxene, Amphibole und Olivine. Die Bildung der Minerale wird von geologischen, chemischen und physikalischen Faktoren bestimmt.

Mineralogie
Lehre von den Mineralen, ihrem chemischen Aufbau und ihren physikalischen Eigenschaften. Sie reicht u. a. in die Gebiete der Kristallographie, Petrologie, Geologie, Chemie hinein.

Miozän
untere Stufe des Jungtertiärs.

Mittelatlantischer Rücken (MAR)
auch Mittelatlantische Schwelle genannt,

durchzieht den Atlantik in voller Länge parallel zu den Küsten Afrikas – Südamerikas sowie Nordamerikas – Europas. Er ist der längste Gebirgszug der Erde und zeichnet sich durch seismische und vulkanische Aktivität aus. Island ist der größte Abschnitt dieses Rückens, der aus dem Meer herausragt.
siehe auch Sea-floor spreading

Móberg
isländische Bezeichnung für Palagonit
siehe Palagonit

Moräne
von Gletschern transportierter und abgelagerter Gesteinsschutt. Je nach Form, Lage und Entstehung gibt es u. a.:

Endmoränen
wallartige, unsortierte Schuttablagerungen, die sich am Ende einer Gletscherzunge bilden. Hintereinander aufgeschobene Endmoränenwälle können Auskunft über die Bewegungsphasen von Gletscherzungen und damit der Eiszeitstadien geben.

Grundmoränen
Ablagerungen zwischen Eis und Gletscherbett von abgerundetem oder zerriebenem, unsortiertem Gestein, die bei der Abschmelzen großer Eismassen zurückbleiben.

Seitenmoränen
oder Randmoränen entstehen, wenn das Gestein zu beiden Seiten des Gletschers abgelagert wird.

Morphologie
Lehre von den Formen der Gestalten. Auf die Geologie bezogen, handelt es sich um die Lehre von den Formen und Strukturen der Landschaft.

NASA
National Aeronautics and Space Administration – U.S. Weltraumbehörde

Neotektonik
siehe Tektonik

Neovulkanische Zone
junge, aktive Vulkanregion, die den mittleren Teil Islands durchzieht, zunächst in zwei parallelen Streifen in SW-NO Richtung und dann zu einem Streifen vereint in S-N Richtung. Sie steht in enger Verbindung mit dem Mittelatlantischen Rücken (MAR).
siehe auch MAR

Nunatak
Bezeichnung für Berge, Bergspitzen oder Felsen, die aus dem Inlandeis herausragen. Das Wort entstammt einem Dialekt der Eskimos in Grönland.

Obsidian
Sammelbegriff für Gesteinsgläser, das aus rasch erstarrten, sauren Laven entsteht. Die Farbe ist meist schwarz, der Bruch ist muschelig. In der Steinzeit wurde es zu Messern und Pfeilspitzen verwendet, heute wird daraus Schmuck hergestellt.
siehe auch Gesteinsglas und Rhyolith

Olivine
gesteinsbildende Silikatminerale, die wichtige Gemengteile von basischen magmatischen Gesteinen sind.
siehe auch Minerale

Paläontologie
Wissenschaft von den Fossilien und der Entwicklung des Lebens auf der Erde.
siehe auch Fossilien

Paläozän
untere Stufe des Alttertiärs.

Palagonit
Gestein aus glasartigen Zersetzungskrusten von Pillow-Laven. Durch die Wasseraufnahme (Hydratisierung) wurde das submarin oder subglazial entstandene Basaltglas in ein bräunlich-gelbes Gestein umgewandelt, das in Island móberg genannt wird.

Palagonitformationen
stratigraphischer Begriff für subglazial oder submarin entstandene, meist basaltische Schichtenfolgen in Island, die vor allem aus dem Pleistozän stammen. Sie setzen sich aus glasartigen Zersetzungsprodukten mit Einschlüssen von Gesteinsbruchstücken und kleinen Pillow-Laven zusammen.

Periglaziale Landschaft
Gebiet, das vor dem Eisrand eines Gletschers oder einer Inlandeisfläche liegt. Typisch für diesen Raum sind unter anderem Steinringe, Steinstreifen und Strukturböden.

Petrologie
Gesteinskunde, die sich mit der Bildung, der Struktur, der Entstehung und der Geschichte der Gesteine befaßt. Sie ist ein Teilgebiet der Geologie.

Pillow-Lava
siehe Lava

Plagioklase
gehören zu den Feldspäten, der wichtigsten Mineralgruppe für den Aufbau der Erdkruste. Unter bestimmten Voraussetzungen sind die Feldspäte mischbar. So bilden Natronfeldspat und Kalkfeldspat die Mischungsreihe der Kalknatronfeldspäte oder Plagioklase.
siehe auch Feldspäte und Minerale

Plateau-Basalt
siehe Basalt

Plateau-Gletscher
siehe Gletscher

Pleistozän
oder Diluvium ist die untere Abteilung des Quartärs.

Pliozän
obere Stufe des Jungtertiärs.

Postglazial
oder Nacheiszeit umfaßt die letzten zehntausend Jahre bis zur Gegenwart.

Pseudokrater
siehe Krater

Pyrit
Schwefel- oder Eisenkies (FeS_2), ein Mineral, das häufig in magmatischen Gesteinen anzutreffen ist. Er hat eine meist kubische Struktur, eine gelbe bis braune Farbe mit Metallglanz und dient zur Gewinnung von Schwefelsäure.
siehe auch Minerale

Pyroklastite
Begriff für alle Lockerstoffe, die bei einer Eruption in festem oder flüssigem Zustand durch Gase mitgerissen und aus dem Vulkan herausgeschleudert werden. Hierzu gehören Aschen, Bomben und Lapilli. Diese vulkanischen Produkte werden auch Tephra genannt.

Quartär
jüngste Untergliederung der geologischen Zeitrechnung.

Quellen
natürliche Austrittstellen von Grundwasser.

Kochquellen
Heißwasser-Quellaustritte, die häufig in Island vorkommen (isl.: hver). Entweder brodeln sie ständig und laufen über oder sie brodeln intermittierend rhythmisch und laufen über.

Mineralquellen
Quellen mit wenigstens 1000 mg gelöster Mineralstoffe je Liter Wasser oder mit mehr als 1000 mg/l gelösten Kohlendioxyds. Letztere sind auch als Säuerlinge bekannt. (isl.: ölkeldur)

Springquellen
stoßen periodisch siedend heißes Wasser aus.
siehe auch Geysir

Thermalquellen
oder Thermen führen Wasser mit einer Ausflußtemperatur von mehr als 20 Grad Celsius.

Radiometrie
Sammelbegriff für Verfahren der angewandten Geophysik zur Messung der Strahlung radioaktiver geologischer Körper. Sie dienen u. a. der Altersbestimmung.

Kalium-Argon-Methode
wird für die radiometrische Altersbestimmung von Gesteinen bis zu vielen Millionen Jahren verwandt.

Radiokarbonmethode
Methode zur Altersbestimmung mittels des relativ schnellen Zerfalls des Kohlenstoffisotopes C^{14} (Halbzeitwert $5{,}7 \times 10^3$ Jahre). Mit dieser Methode können Fossilien, Hölzer, Gesteine etc. bis zu einem Alter von etwa 30 000 Jahren erfaßt werden.

Reflexion
ist die von einem Körper rückgestrahlte Energie. Das Rückstrahlungsvermögen der Geländeoberfläche, von Böden oder Pflanzen ist unterschiedlich. Es kann von Aufnahmesystemen aufgezeichnet werden. Für die Interpretation von Multispektral- und Satellitenaufnahmen ist die Kenntnis der maximalen Reflexionswerte bestimmter Objekte von großer Bedeutung.

Rhyolith
Bezeichnung für ein Ergußgestein aus saurer Magmaschmelze, das vor allem Akalifeldspäte, Quarz und Biotit in der oft glasführenden Grundmasse und in den Einsprenglingen enthält. Das Gestein ist in Island häufig bei Zentralvulkanen und in den Thermalbereichen anzutreffen. Es kommt in den verschiedenartigsten Farben von gelb, braun, rot bis ins grünliche

vor. Für Rhyolith wird auch der Begriff Liparit benutzt.

Sander

(isl.: Sandar) weit ausgedehnte, flache Schotter- und Sandflächen im Vorgebiet der Gletscher. Das basaltische Gesteinsmaterial wird von dem Schmelzwasser der Gletscherflüsse mitgeführt und im flachen Vorland abgelagert (Singular: Sandur).

Satellit

künstlicher Raumkörper, der die Erde auf bestimmten Bahnen umkreist. Ein geostationärer Satellit umläuft die Erde über dem Äquator in Richtung und Geschwindigkeit der Erdumdrehung, d.h. er befindet sich in unverändert gleicher Position im Weltall. Ein geosynchroner Satellit hat eine Umlaufzeit, die der Rotationsgeschwindigkeit der Erde entspricht. Die Umlaufbahn eines sonnensynchronen Satelliten schließlich ist beinahe polar, d.h. er überfliegt jeweils den gleichen Punkt auf der Erdoberfläche zur gleichen Ortszeit.

Satellitenbildtechnik

computertechnische Aufbereitung von Daten der reflektierten und emittierten Strahlung der Erdoberfläche, die über einen Satelliten aufgenommen und aufgezeichnet werden.
siehe auch Landsat

Schildvulkan

siehe Vulkan

Schlacke

blasig-poröser Lavabrocken aus dünnflüssigem basaltischem Magma.

Schweißschlacke

Lavabrocken oder -fetzen, die sich bei einem Ausbruch am Kraterkegel fladenartig verfestigen.

Wurfschlacke

geringfügig aufgeblähte Lavafetzen, die während des Auswurfes noch in der Luft erstarren.

Schlot

Aufstiegskanal vulkanischer Produkte in Vulkanbauten. Die im Schlot zur Erstarrung oder zum Absatz kommenden Produkte werden als Schlotfüllung bezeichnet.

Sea-floor spreading

Hypothese, die davon ausgeht, daß in der Scheitelregion der mittelozeanischen Rücken – und so auch am MAR – laufend neue ozeanische Erdkruste produziert wird, die zu beiden Seiten der Achse wegdriftet. Dieser Prozeß erfolgt auch dann, wenn die Scheitelregion der Rücken nicht zusammenhängend ist, sondern durch Querstörungen unterbrochen wird.
siehe auch Mittelatlantischer Rücken

Sedimentation

Vorgang der Abscheidung oder des Absatzes von feinsten Gesteinsteilen. Die Sedimentation ist abhängig von chemischen und physikalischen Bedingungen. Bei der chemischen Ausfällung z.B. sind die Temperaturen und das Vorhandensein von Gasen wichtig. Ausschlaggebend bei der biogenen oder organischen Sedimentation sind dagegen die entsprechenden Lebensmöglichkeiten für die organischen Substanzen. Je nach transportierendem Medium wird nach äolischer Sedimentation – Löß, Dünen –, nach aquatischer Sedimentation – Absatz in Quellen –, nach mariner Sedimentation – Ablagerung im Meer – etc. unterschieden.

Seen:

Abdämmungssee

entsteht bei einer Abriegelung durch Gletschereis, Moränen, Bergstürze, Lavaströme.

Eintiefungssee

wird durch Bewegungsvorgänge der Erdkruste, wie z.B. Grabensenkung, vulkanische Explosion, Einsturz unterirdischer Hohlräume, gebildet.

Seismik

befaßt sich mit der Erdbebenforschung, d.h. mit der Untersuchung von Erdbeben und dem inneren Aufbau der Erde.

Seismograph

Instrument zur fortlaufenden Aufzeichnung von Erschütterungen der Erdoberfläche.

Solfataren

postvulkanische Wasserdampfexhalationen mit Temperaturen von 100 bis 200 Grad Celsius, die Schwefelwasserstoff (H_2S) enthalten. Letzterer wird in der Luft in elementaren Schwefel und schwefelige Säure umgewandelt. An den Austrittstellen setzt sich vor allem der Schwefel ab, während die schwefelige Säure die umliegenden Gesteine zersetzt. Diese Exhalationen wurden nach dem Krater Solfatara in den Phlegräischen Gefilden, westlich von Neapel benannt.

Solfatarentätigkeit

zeigen Vulkane am Ende ihrer vulkanischen Tätigkeit, wenn sie nur noch einen relativ niedrigtemperierten Dampf- oder Solfatarenausstoß entfalten. Die Vulkane befinden sich dann im sogenannten Solfatarenstadium.

Spalteneruption

siehe Eruption

Spektrum

Auffächerung von weißem Licht in Licht verschiedener Farben bzw. in elektromagnetische Wellen verschiedener Längen oder Frequenzen. Das Spektrum umfaßt Lang-, Mittel-, Kurz- und Ultrakurzwellen, Mikrowellen (Radar), die Infrarot-Strahlung, das sichtbare Licht, die ultraviolette Strahlung, Röntgen- und Gammastrahlen.

Spektralbereiche

Teile des Spektrums elektromagnetischer Wellen. Die Geowissenschaften stützen sich bei der Fernerkundung auf bestimmte Wellenlängen- oder Spektralbereiche. Bei dem Landsat-Program werden u.a. 4 Spektralbereiche benutzt, und zwar Kanal 4 des grünen Spektralauszugs mit den Wellenlängen 0,5–0,6 µm, Kanal 5 des roten Spektralauszugs mit den Wellenlängen 0,6–0,7 µm, Kanal 6 des Infrarotspektralauszugs mit den Wellenlängen 0,7–0,8 µm und Kanal 7 des Infrarotspektralauszugs mit den Wellenlängen 0,8–1,1 µm. Thermalscanner können u.a. im Wellenlängenbereich 8–14 µm die von Körpern abgegebene Eigenwärme aufzeichnen. Immer wichtiger für die Fernerkundung wird der Mikrowellenbereich, der zwischen den Dezimeter- und Millimeterwellenlängen liegt, d.h. zwischen 0,8 bis 30 Zentimeter. Mikrowellensensoren können bei jedem Wetter, Tag und Nacht eingesetzt werden. Ein weiterer Vorteil ist die Eindringtiefe der Strahlen, die es ermöglicht, auch Strukturen unterhalb der Erdoberfläche zu erkennen oder die Bodenfeuchte eines Gebietes zu ermitteln.

Stratigraphie

Zweig der historischen Geologie, der die Gesteine nach ihrer zeitlichen Bildungsfolge einteilt und eine Zeitskala zur Datierung der geologischen Vorgänge und Ereignisse aufstellt. Erfolgen die Altersbestimmung und die Zeiteinteilung generell anhand von Fossilienfunden, so wird von Biostratigraphie gesprochen. Die Mikrobiostratigraphie befaßt sich speziell mit sehr kleinen Fossilien.
siehe auch Fossilien

Streichen und Fallen

Bestimmungsfaktoren für die Lage geologischer Flächen im Raum, wie z.B. von Kluft-, Schicht-, oder Verwerfungsflächen. Unter Streichen ist der Winkel zu verstehen, der von einer Fläche in horizontaler Richtung mit der Nordrichtung gebildet wird. Das Fallen oder die Neigung wird durch den Fallwinkel bestimmt, der von einer geneigten Schichtebene und ihrer Horizontalen gebildet wird. Die Streich- und die Fallrichtung stehen senkrecht zueinander.

Strick-, Seil- oder Fladenlava

siehe Lava

Surtarbrandur

Versteinerungen von Hölzern, Blättern etc. in den tertiären Basalten Islands. Die isl. Bezeichnung bedeutet Schwarzgebranntes.
siehe auch Fossilien

Tafelvulkan

siehe Vulkan

Tektonik

oder Geotektonik, Lehre von dem Bau der Erdkruste, den Bewegungsvorgängen und Kräften, die den Aufbau verursachen. Sie dient dem Studium von Störungen, Deformationen, Brüchen usw. und ihrer Ursachen.

Neotektonik

befaßt sich mit Bewegungsvorgängen der jüngsten Zeit, die durch Spannungen in der Erdkruste ausgelöst werden.

Tephra

Sammelbegriff für die lockeren vulkanischen Auswurfprodukte (Aschen, Bomben etc.).
siehe auch Pyroklastite

Thermalgebiet

Bereich mit erhöhtem Wärmefluß durch vulkanische Aktivität. In den Thermalgebieten treten

zahlreiche heiße Quellen, Fumarolen- und Solfatarenfelder auf.
siehe Fumarolen, Quellen, Solfataren

Therme
siehe Quellen

Tholeyit
siehe Basalt

Topographie
Bezeichnung für die Oberfläche eines geographischen Gebietes mit seinen Erscheinungsformen wie Boden, Gewässern, Besiedlung, Verkehrsaufkommen etc.

Transform Fault
Verwerfung, an der zwei Krustenplatten vorbeiziehen. Eine Transform Fault verbindet oft zwei Teilstücke eines mittelozeanischen Rückens, an dem sich die Krustenplatten auseinanderbewegen. So wird der Süd-Nord Verlauf des Mittelatlantischen Rückens an vielen Stellen durch Transform Faults oder Verschiebungszonen versetzt, die Ost-West verlaufen.

Tuff
sekundär, d.h. nachträglich verfestigtes Gestein aus vulkanisch gefördertem Lockermaterial (Bomben, Asche, Lapilli etc.). Er kann geschichtet oder ungeschichtet sein.

Verwerfung
Verschiebung von Gesteinsschollen längs eines Bruchs. Verwerfungen entstehen meist bei tektonischen Bewegungen, d.h. wenn das Gestein der Erdkruste der Spannung nachgeben muß. Treten mehrere Verwerfungen auf, so handelt es sich um Verwerfungs-, Bruch-, Sprungsysteme und Staffelbrüche.

Verwitterung
Zerstörung von Gestein und Mineralien an der Erdoberfläche durch physikalisch-mechanische, chemische und biologische Kräfte. Die mechanische Zerteilung kann z.B. durch Spaltenfrost, Temperaturwechsel im Gestein und Salzsprengung erfolgen, während die chemische Verwitterung durch lösende und zersetzende Tätigkeit des Wassers bewirkt wird oder auch durch gasförmige Stoffe wie Kohlendioxyd (CO_2). Eine biologische Verwitterung wird besonders durch Pflanzen hervorgerufen – Sprengung durch wachsende Wurzeln, Einwirkung von Flechten etc. Die Verwitterung ist einer der wichtigsten bodenbildenden Vorgänge. Sie liefert das Ausgangsmaterial für die Bildung von Sedimentgesteinen.

Vulkan
Stelle an der Erdoberfläche, an der Magma aus dem Erdinneren zutage gefördert wird und sich in der Regel ein Berg oder Kegel bildet. Form und Aufbau eines Vulkans werden im wesentlichen von den von ihm geförderten Materialien bestimmt.

Gasvulkan
wird durch explosionsartige Gasausbrüche gebildet, bei denen nur wenig Asche oder Lava gefördert wird. Der Krater ist oft mit Wasser gefüllt.
siehe auch Maar

Lockervulkan
auch Aschevulkan genannt, entsteht durch Explosionsausbrüche von zähflüssigem Magma und wird von Aschen, z.T. auch Schlacken und Bims in Kegelform aufgebaut.

Schild- oder Lavavulkan
wird von basaltischen, extrem dünnflüssigen Laven gebildet, die aus einem zentralen Eruptionsschlot nach allen Seiten ausfließen, so daß ein schildartiger Kegel mit flacher Böschung entsteht.

Strato- oder Schichtvulkan
gemischter, meist kegelförmiger Vulkan, der in einer Wechselfolge von Lavaergüssen und explosionsartigen Auswürfen von Lockermaterialien wie Asche, Bomben und Schlacken schichtweise aufgebaut ist.

Subglazialer Vulkan
bricht unter dem Gletschereis aus, wie z.B. in Island in den Grímsvötn im Vatnajökull oder die Katla im Mýrdalsjökull.

Submariner Vulkan
entsteht unter der Meeresoberfläche, wie die Insel Surtsey bei Island.

Tafelvulkan
unter einem Plateau-Gletscher entstandener und oft steckengebliebener Vulkanbau, der überwiegend aus Pillow-Laven und Palagonit aufgebaut ist.

Vulkanismus
umfaßt alle Vorgänge, die zu der Förderung von Magma an die oder bis nahe an die Erdoberfläche führen.

Vulkanit
siehe Gestein

Wasserfall
Wasser, die in freiem Fall über viele Meter hohe Kanten und Knicke im Flußbett herunterstürzen.

Wasserfall, konsequent
der Gefällebruch wurde durch tektonische Bewegungen oder vulkanische Tätigkeit gebildet.

Wasserfall, subsequent
der Gefällebruch ist ein Werk der Tiefenerosion des eigenen Wassers.

Wegener, Alfred
(1880–1930) Geophysiker und Meteorologe. Unternahm mehrere Expeditionen nach Grönland, wo er auch starb. Wegener stellte die Hypothese von der Kontinentalverschiebung auf.
siehe auch Kontinentalverschiebung

Wüste
größeres zusammenhängendes Gebiet, das vollständig oder nahezu vegetationslos ist. Zu unterscheiden sind klimatisch bedingte Wüsten – Wärme- und Kältewüsten – und bodenbedingte oder edaphische Wüsten. Letztere können sich auf stark wasserdurchlässigem Untergrund bilden, wie z.B. in Island der Sprengisandur und das Ódáðahraun.

Wurfschlacke
siehe Schlacke

Zeolithe
Gruppe wasserhaltiger Kalktonerde- oder Alkalitonerdesilikate. Sie sind überwiegend hydrothermal entstanden, meist in Blasenräumen (Drusen) und in Klüften von Eruptivgesteinen anzutreffen, überwiegend farblos und trüb. In Island kommen viele Arten vor allem in den Basalten an der Ostküste vor. Beim Erhitzen schäumen sie auf – daher auch der Name Siedestein.

Anmerkung zur isländischen Schreibweise:

Ð, ð	entspricht einem weichen englischen Th, th
Þ, þ	entspricht einem stimmlosen englischen Th, th
Æ, æ	entspricht einem Ai, ai
Á, á	entspricht einem Au, au

Literaturnachweis

Arnorsson, S.
Ivarsson, G.
Cuff, K. E.
Saemundsson, K.
(1987) Geothermal Activity in the Torfajökull Field, South Iceland – Summary of Geochemical Studies. – Jökull, AR 37, S. 1–10, Reykjavík

Bahr, T.
Münzer, U.
Wohnlich, S.
(1995) Hydrogeologische Untersuchungen im Skeiðarársandur (Süd-Island) mit Methoden der Fernerkundung. – Publ. dt. Ges. Photogrammetrie u. Fernerkundung, H. 3, S. 201–208, Berlin

Barth, T. F. W.
(1950) Volcanic Geology, Hot Springs and Geysers of Iceland. – Carnegie Inst., Publication 587, 174 S., Washington, D. C.

Bemmelen, R. W.
van Rutten, M. G.
(1955) Table mountains of Nothern Iceland. – 217 S., Leiden

Berger, M.
Kaufmann, H.
(1995) MOMS-02/D2 – STS 55 Mission Validation of Spectral and Panchromatic Modules. – In: Geo-Informations-Systeme, Wichmann Verlag, Jg. 8, H 2, S. 21–30, Karlsruhe

Bernauer, F.
(1943) Junge Tektonik auf Island und ihre Ursachen. – In: Spalten auf Island, Verlag K. Wittwer, S. 14–84, Stuttgart

Björnsson, A.
Saemundsson, K.
Einarsson, P.
Tryggvason, E.
Gronvold, K.
(1977) Current rifting episode in north Iceland. – Nature, vol. 266, No. 5600, S. 318–323, London

Björnsson, H.
(1979) Glaciers in Iceland. – Jökull, 29 AR, S. 74–80, Reykjavík

Björnsson, H.
Einarsson, P.
(1990) Volcanoes beneath Vatnajökull, Iceland – Evicence from Radio Echo-Sounding, Earthquakes and Jökulhlaups. – Jökull, AR 40, S. 147–168, Reykjavík

Björnsson, S.
Krístmannsdottir, H.
(1984) The Grímsvötn Geothermal Area, Vatnajökull, Iceland. – Jökull, AR 34, S. 25–48, Reykjavík

Bodvarsson, G.
Pálmason, G.
(1961) Exploration of subsurface temperature in Iceland.. – Jökull, AR 11, S. 39–48, Reykjavík

Brandsdóttir, B.
(1984) Seismic Activity in Vatnajökull in 1900–1982 with Special Reference to Skeidarárhlaups, Skaftárhlaups and Vatnajökull Eruptions. – Jökull, AR 34, S. 141–150, Reykjavík

Bunsen, R. W.
(1847) Physikalische Beobachtungen über die hauptsächlichsten Geysire Islands. – Poggendorffs Annalen der Physik und Chemie, Bd. 72, S. 159–170, Leipzig

Carlé, W.
(1980) Dampfquellen, Thermalwässer und Säuerlinge in Island. – Geol. Jb., C 26, S. 3–125, Hannover

Einarsson, M. A.
(1976) Climate of Iceland. – In Van Loon, H. (Ed.), Climates of the Oceans – World Survey of Climatology, Elsevier, Vol. 15, S. 673–697, Amsterdam

Einarsson, P.
Björnsson, S.
(1979) Earthquakes in Iceland. – Jökull, AR 29, S. 37–43, Reykjavík

Einarsson, P.
et al.
(1982) Skjálftabréf. – Raunvísindastofnun Háskólans, Nr. 47, 48, 49, 51, Reykjavík

Einarsson, Th.
(1973) Jardfræði. – Heimskringla, 253 S., Reykjavík

Einarsson, Th.
(1994) Geologie von Island. – Mál og menning, 304 S., Reykjavík

Ewart, J. A.
Voight, B.
Björnsson, A.
(1990) Dynamics of Krafla Caldera, north Iceland. – Magma Transport and Storage. – Wiley & Sons, S. 225–276, New York

Fridleifsson, I. B.
(1979) Geothermal activity in Iceland. – Jökull, AR 29, S. 47–56, Reykjavík

Glawion, R.
(1986) Rezente Klimaschwankungen und Vegetationsveränderungen in Island – Ursachen und ökonomische Auswirkungen. – Geowiss. i. u. Zeit, Heft 5, S. 141–153, Weinheim

Gronvold, K.
(1984) Myvatn fires 1724–1729 Chemical compositions of the lava. – Nordic. Vol. Institut, University of Iceland, 23 S., Reykjavík

Gronvold, K.
Jóhannesson, H.
(1984) Eruption in Grímsvötn 1983. – Jökull, AR 34, S. 1–8, Reykjavík

Gudmundsson, A.
Oskarsson, N.
Gronvold, K.
Saemundsson, K.
Sigurdsson, O.
et al.
(1992) The 1991 eruption of Hekla, Iceland. – Bulletin Volcanologique, vol. 54, S. 238–246, London

Gunnarsson, A.
(1973) Volcano – Ordeal by Fire in Iceland's Westman Island. – Iceland Review, 96 S., Reykjavík

Hjartarson, A.
(1979) Explanatory Notes on the International Hydrogeological Map of Europe 1:500.000, Sheet B 2, Iceland. – Orkustofnun, Reykjavík

Höll, K.
(1971) Die heißen Quellen und Geysire Islands, ihre chemische Beschaffenheit und Verwendbarkeit. – Berichte aus der Forschungsstelle Neðri Ás, Nr. 6, 47 S., Hveragerði

Höll, K.
Münzer, U.
(1975) Islands Ölkelda (Mineralquellen), ihre Beschaffenheit und gesundheitliche Bedeutung. – Berichte aus der Forschungsstelle Nedri Ás, Nr. 19, 50 S., Hveragerði

Ivarsson, G.
(1992) Geology and Geochemistry of the Torfajökull Central Volcano in Central South Iceland in Association with the Icelandic Hot Spot and Rift Zones. – Ph. D. Thesis, University of Hawaii, 3[illegible]2 S., Honolulu

Jacobsson, S. P.
(1979) Outline of the Petrology of Iceland. – Jökull, AR 29, S. 57–73, Reykjavík

Jacoby, W. R.
(1979) Iceland and the North Atlantic – A Review. – Geo-Journal, Vol. 3.3, S. 253–262, Wiesbaden

Jaksch, K.
(1984) Das Gletschervorfeld des Vatnajökull am Oberlauf der Djupa, Südisland. – Jökull, AR 34, S. 97–103, Reykjavík

Knebel, W. v.
Reck, H.
(1912) Island – Eine naturwissenschaftliche Studie. – Schweizerbartsche Verlagsbuchhandlung, 290 S., Stuttgart

Kraft, M.
(1984) Führer zu den Vulkanen Europas, Band 1, Allgemeines – Island. – F. Enke Verlag, 136 S., Stuttgart

Kramer, H. J.
(1994) Observation of the Earth and its Environment – Survey of Missions and Sensors. – Springer Verlag, 580 S., Berlin, Heidelberg, New York

Meyer, H. H.
Venzke, J. F.
(1984) Der Klaengshóll – Kargletscher in Nordisland. – Natur und Museum, Bericht der Senckenbergischen Naturforschenden Gesellschaft, Bd. 115, H. 2, S. 29–46, Frankfurt/M.

Murawski, H.
(1983) Geologisches Wörterbuch. – F. Enke Verlag, 281 S., Stuttgart

Münzer, U.
(1989) Quellvorkommen, Gewässernetz und Bruchsysteme auf Island – eine Untersuchung mit Satelliten- und Luftbildverarbeitungen sowie Wasseranalysen. – Diss., Univ. München, 176 S., München

Münzer, U.
(1990) Naturphänomene auf Island. – Münchner Geogr. Abh., Reihe B, Gletscher- und landschaftsgeschichtliche Untersuchungen in Nordisland. – Münchener Universitätsschriften, S. 4–[illegible]5, München

Münzer, U.
(1995) Forschungsvorhaben »Geologic Mapping of Selected Areas in Iceland and Verification of Results. – Publ. dt. Ges. Photogrammetrie und Fernerkundung, H. 3, S. 187–193, Berlin

Münzer, U.
Bodechtel, J.
(1980) Digitale Verarbeitung von Landsat-Daten über Eis- und Schneegebieten des Vatnajökull (Island). – BUL, 48, S. 21–28, Karlsruhe

Münzer, U.
Gudmundsson, A.
Weichelt, H.
Winter, R.
Bahr, T.
Böhm, C.
Müschen, B.
(1995) Geologic Mapping of Selected Areas in Iceland and Verification of Results. – Final Report of JERS-1/ERS-1 System Verification Program, Vol. 1, pp. 587–601, Ministry of International Trade and Industry, National Space Development Agency of Japan Tokyo

Niemczyk, O.
(1943) Spalten auf Island. – Verlag Konrad Wittwer, 180 S., Stuttgart

Noll, H.
(1967) Maare und maar-ähnliche Explosionskrater in Island. – Sonderveröffentlichung des Geol. Inst. der Universität Köln, Heft 11, W. Stollfuß Verlag, 117 S., Bonn

Pálmason, G.
(1980) Geothermal Energy. – Náttúrufræðingurinn, 50 (3/4), S. 147–156, Reykjavík

Rist, S.
(1973) Jökulhlaupaannáll 1971, 1972 og 1973. – Jökull, AR 23, S. 55–60, Reykjavík

Rittmann, A.
(1960) Vulkane und ihre Tätigkeit. – F. Enke Verlag, 335 S., Stuttgart

Saemundsson, K.
(1974) Evolution of the Axial Rifting Zone in Northern Iceland and the Tjörnes Fracture Zone. – Bulletin of the Geol. Society of America, vol. 85, S. 495–504, Washington, D.C.

Saemundsson, K.
(1978) Fissure Swarms and Central Volcanoes of the Neovolcanic Zones of Iceland. – Geol. Journ., 10, S. 415–431, Liverpool

Saemundsson, K.
(1979) Outline of the geology of Iceland. – Jökull, AR 29, S. 7–28, Reykjavík

Schäfer, K.
(1972) Transform Faults in Island. – Geol. Rundschau, 61 (3), F. Enke Verlag, S. 942–960, Stuttgart

Schunke, E.
(1975) Die Periglazialerscheinungen in Island in Abhängigkeit von Klima und Substrat. – Abh. der Akademie der Wissenschaften in Göttingen, math.-physik. Klasse, 3. Folge, Nr. 30, 273 S., Göttingen

Schutzbach, W.
(1985) Island – Feuerinsel am Polarkreis. – Ferd. Dümmler's Verlag, 3. Auflage, 272 S., Bonn

Schwarzbach, M. (1975) Geologenfahrten in Island. – Verlag die Karawane, 4. Aufl., 115 S., Ludwigsburg

Schwarzbach, M.
Noll, H. (1971) Geologischer Routenführer durch Island. – Sonderveröffentlichung d. Geol. Inst. d. Universität Köln, Nr. 20, W. Stollfuß Verlag, 105 S., Bonn

Spickernagel, H. (1980) Hebungen und Senkungen im Nordosten von Island. – Das Markscheidewesen 87, Nr. 1, Glückauf Verlag, S. 159–166, Essen

Strauch, F. (1963) Zur Geologie von Tjörnes. – Sonderveröffentlichung d. Geol. Inst. d. Universität Köln, Heft 8, W. Stollfuß Verlag, 129 S., Bonn

Thórarinsson, S. (1953) The Grímsvötn Eruption, June – July 1953. – Jökull, AR 3, S. 6–22, Reykjavík

Thórarinsson, S. (1959) Die Vulkane Islands. – Naturwissenschaftliche Rundschau, 13. Jahrgang, Heft 3, S. 81–87, Stuttgart

Thórarinsson, S. (1969) The Lakagígar Eruption of 1783. – Bulletin Volcanologique, vol. 33, S. 910–929, Neapel

Thórarinsson, S. (1969) Surtsey – the new Island in the North Atlantic. – Cassell, 47 S., London

Thórarinsson, S. (1970) Hekla – a notorious Volcano. – Almenna Bókafélagið, 62 S., Reykjavík

Thórarinsson, S. (1979) Tephrochronology and its application in Iceland. – Jökull, AR 29, S. 33–36, Reykjavík

Thórarinsson, S.
Einarsson, T.
Kjartansson, G. (1959) On the Geology and Geomorphology of Iceland. – Geografiska Annaler, Hefte 2–3, S. 135–169, Stockholm

Thórarinsson, S.
Saemundsson, K.
Williams, R. (1973) ERTS-1 Image of Vatnajökull. – Jökull, AR 23, S. 7–17, Reykjavík

Thórarinsson, S.
Saemundsson, K. (1979) Volcanic Activity in Historical Time. – Jökull, AR 29, S. 29–32, Reykjavík

Thorkelsson, Th. (1940) On Thermal Activity in Iceland and Geyser Action. – Vísindafélag Islendinga, Bd. 25, 139 S., Reykjavík

Tryggvason, E. (1978) Distance Measurements in 1977 in the Krafla-Mývatn Area and Observed Ground Movements. – Nordic Volcanological Institute, University of Iceland, 47 S., Reykjavík

Todtmann, E. M. (1960) Gletscherforschungen auf Island (Vatnajökull). – Abhandlungen aus dem Gebiet der Auslandskunde, Reihe C, Bd. 19, 94 S., Hamburg

Tuxen, S. L. (1938) Bemerkungen über die erneuerte Aktivität des Großen Geysir in Haukadalur. – Vísindafélag Islendinga, Bd. 23, 25 S., Reykjavík

Venzke, J. F. (1982) Geoökologische Charakteristik der wüstenhaften Gebiete Islands. – Essen Geogr. Arb., Heft 3, 206 S., Paderborn

Walker, G. P. L. (1964) Geological Investigations in Eastern Iceland. – Bulletin Volcanologique, vol. 7, S. 29–63, London

Walker, G. P. L. (1975) Excess spreading axes and spreading rate in Iceland. – Nature, 255 (N. 5508), S. 468–471, London

Ward, P. L. (1971) New Interpretation of the Geology of Iceland. – Bulletin of the Geological Society of America, vol. 82, S. 2991–3012, Washington, D.C.

Williams, R. S. jr. (1976) A New Window on our Planet, Vatnajökull Icecap. – United States Geological Survey, S. 187–193, Washington, D.C.

Williams, R. S. jr. (1983) Satellite Glaciology of Iceland. – Jökull, AR 33, S. 3–12, Reykjavík

Williams, R. S. jr.
et al. (1973) Satellite Geological and Geophysical Remote Sensing of Iceland. – NASA Goddard Space Flight Center, S. 317–327, Greenbelt, Md.

Berliner Geowissenschaftl. Abhandlungen (1980) Internationales Alfred-Wegener-Symposium, Reihe A, Band 19, Verlag Dietrich Reimer, [illegible] S., Berlin

Dictionary of Geological Terms (197[illegible]) American Geological Institute, Anchor Press/Doubleday, 472 S., Garden City, New York, N.Y.

ESA (1993) ERS User Handbook. – ESA – SP – 1148 Revision 1, 129 S., European Space Agency, Noordwijk, The Netherlands

ESA (1994) Proceedings of the Second ERS-1 Symposium, Space at the Service of our Environment – 11.–14. Okt. 1993, Hamburg, European Space Agency, vol. I, II, III, Noordwijk, The Netherlands

Iceland Energy Marketing Unit (1994) Strom aus Island – eine Vision? – Euroforum Konferenz 16.–17. 3. 94, 20 S., Düsseldorf
(1995) Strom aus Island – eine Vision? – VIK Verband der industriellen Energie- und Kraftwirtschaft 34. Sitzung des Ausschusses Energie und Tarife [illegible].3.95, 28 S., Thyssen Stahl AG, Duisburg

Landsat (1983) Landsat Sensor Design and Operation – A Short Course for User. – Presented by the University of California, vol. 17/II, Santa Barbara, Cal.

MITI, NASDA (1995) Final Report of JERS-1/ERS-1 System Verification Program, Ministry of International Trade and Industry (MITI), National Space Development Agency of Japan (NASDA), vol. I, [illegible] S., vol. II, 706 S., Tokyo

Photogrammetric Engineering & Remote Sensing (1960) Manual of Interpretation. – American Society for Photogrammetric Engineering & Remote Sensing, 868 S., Falls Church, Va.

Photogrammetric Engineering & Remote Sensing (1968) Manual of Color Aerial Photography. – American Society for Photogrammetric Engineering & Remote Sensing, 550 S., Falls Church, Va.

Photogrammetric Engineering & Remote Sensing (1983) Manual of Remote Sensing. – American Society for Photogrammetric Engineering & Remote Sensing, 2nd Edition, vol. I, 2132 S., vol. II, 2440 S., Falls Church, Va.

Proceedings of the First Annual William T. Pecora Memorial Symposium (1977) Geological Survey. – Professional Paper 1015, U.S. Government Printing Office 370 S., Sioux Falls, S.D.

Surtsey Research Progress Report IX (1982) The Surtsey Research Society, 154 S., Reykjavík

The Icelandic National Committee on Large Dams et al. (1989) Energy Resources and Dams in Iceland. – Ísafoldarprentsmiðja Ltd., 97 S., Reykjavík

Vísindafélag Íslendinga (1967) Iceland and Mid-Ocean Ridges. – Report of a Symposium, Prentsmiðjan Leiftur H.F., 209 S., Reykjavík

Bildnachweis

Mit Ausnahme der nachfolgenden Bilder wurden alle Aufnahmen von Ulrich Münzer, Brannenburg, aufgenommen.

Folgende Kamera-Ausrüstung wurde benutzt:

LEICA R 4 und **LEICA** R 5 mit Motor-Drive

Objektiv:	Elmarit-R	1 : 2,8/35
Objektiv:	Macro-Elmarit-R	1 : 2,8/60
Objektiv:	Elmarit-R	1 : 2,8/90
Objektiv:	Elmar-R	1 : 4/180

Bild 29 – SPOT Image, © CNES, 4. 5. 1986
Bildaufbereitung: Henkel, J., Münzer, U., Arbeitsgruppe Fernerkundung (AGF) am Institut für Allg. und Angew. Geologie der Ludwig-Maximilians-Universität München

Bild 30, 31, 32, 33, 43, 90 – © National Aerospace and Space Administration (NASA), USA
NASA-Landsat: E 1426 – 12070; 22. 9. 1973
NASA-Landsat: E 1392 – 12191; 19. 8. 1973
NASA-Landsat: E 1392 – 12185; 19. 8. 1973
Bildaufbereitung: Bild 30, 31, 32, 33, 90 Küblbeck, A., Deutsche Forschungsanstalt für Luft- und Raumfahrt (DLR), Oberpfaffenhofen
Bildaufbereitung: Bild 43 Henkel, J., Münzer, U., Arbeitsgruppe Fernerkundung (AGF) am Institut für Allg. und Angew. Geologie der Ludwig-Maximilians-Universität München

Bild 34, 35, 36, 37, 38, 39, 44, 45 und Schutzumschlag – © ESA/Earthnet, Thematic Mapper, 219/15, 17. 9. 1986
Bildaufbereitung: Henkel, J., Münzer, U., Arbeitsgruppe Fernerkundung (AGF) am Institut für Allg. und Angew. Geologie der Ludwig-Maximilians-Universität München
Bildaufbereitung Schutzumschlag: Hauck, L., Münzer, U., Arbeitsgruppe Fernerkundung (AGF) am Institut für Allg. und Angew. Geolgie der Ludwig-Maximilians-Universität München

Bild 41, 42 – © ESA/Earthnet, Landsat-TM; 219/15, 17. 8. 1984
Bildaufbereitung: Henkel, J., Münzer, U., Arbeitsgruppe Fernerkundung (AGF) am Institut für Allg. und Angew. Geologie der Ludwig-Maximilians-Universität München

Bild 46, 47, 48, 49, 50, 63, 68, 87, 89, 118 – © Landmaelingar Íslands (Iceland Geodetic Survey), Reykajvík

Bild 64 – © Páll Einarsson, Raunvísindastofnun (Science Institute), Universität von Island, Reykjavík

Bild 66, 67, 72 – © Jóhann Þór Sigurbergsson, Landmaelingar Íslands (Iceland Geodetic Survey), Reykjavík

Bild 157 – © Hachette Guides Bleus, Karte vom Boden des Atlantischen Ozeans von Tanguy de Rémur (Ausschnitt), Paris

Den Skizzen lagen die Arbeiten folgender Wissenschaftler zugrunde:
Abb. a, c – Kristján Saemundsson, Reykjavík
Abb. d – Þorleifur Einarsson, Reykjavík
Abb. e – Jón Jónsson, Reykjavík

Die Strichzeichnung der Landkarte von Island, die für die Abb. a, c, d, e benutzt wurde, ist von Landmaelingar Íslands (Iceland Geodetic Survey), Reykjavík, zur Verfügung gestellt.

Abb. f – Litla Ferðakortið (Touring Map) 1:500000 © Landmaelingar Íslands (Iceland Geodetic Survey), Reykjavík

Sachregister

Abb. f:
Ortsangabe der in diesem Buch numerierten Aufnahmen

ARCTIC CIRCLE
ATLANTSHAF
Grímsey
Raufarhöfn
Þórshöfn
Bakkafjörður
Vopnafjörður
HÚSAVÍK
Flatey
Hrísey
Grenivík
Hjalteyri
AKUREYRI
N.-ÞINGEYJARSÝSLA
N.-MÚLASÝSLA
S.-MÚLASÝSLA
EYJAFJARÐARSÝSLA
A.-SKAFTAFELLSSÝSLA
V.-SKAFTAFELLSSÝSLA
Herðubreið
Snæfell
Brúarjökull
Egilsstaðir
SEYÐISFJÖRÐUR
NESKAUPSTAÐUR
ESKIFJÖRÐUR
Gerpir
Búðareyri
Breiðdalsvík
Djúpivogur
Papey
Hvalbakur
Höfn
Stokksnes
Brunnhóll
Esjufjöll
Máfabyggðir
Breiðamerkursandur
Ingólfshöfði
Kirkjubæjarklaustur
Eldhraun
Mýrdalssandur
Meðallandssandur
SPRENGISANDUR
Tungnafellsjökull
Bárðarbunga
Kerlingar
Hágöngur
Lómagnúpur
Kaldbakur
Skeiðarársandur
VATNAJÖKULL
ISLANDSHAF
139, 144
83
129
118
70
141
138
19
22, 24
21
126
136
151
88
14, 93
96, 146
89
100
55
10
52, 127
121
23
125, 143
80
15
117
27
20
40, 87
90
43